U0474901

重庆地学科普丛书

总主编：范泽英
副总主编：纪晓锋 曹聪

重庆温泉

组编 重庆市地质矿产勘查开发局南江水文地质工程地质队
重庆市地下水资源利用与环境保护实验室

主编 李德龙 徐高海

参编 杨 森 黄良东 徐海峰 陈思燕 刘邦显
程 群 曾 敏 廖 雨 唐胜前 陈 成

西南大学出版社
国家一级出版社 全国百佳图书出版单位

图书在版编目（CIP）数据

重庆温泉 / 李德龙，徐高海主编. — 重庆：西南大学出版社，2023.12
（重庆地学科普丛书）
ISBN 978-7-5697-2061-7

Ⅰ.①重… Ⅱ.①李… ②徐… Ⅲ.①温泉-重庆-普及读物 Ⅳ.①P314.1-49

中国国家版本馆CIP数据核字（2023）第221264号

重庆温泉
CHONGQING WENQUAN

李德龙　徐高海　主编

责任编辑：张　昊
责任校对：文佳馨
特约校对：郑祖艺
书籍设计：起源
排　　版：黄金红
出版发行：西南大学出版社（原西南师范大学出版社）
　　地址：重庆市北碚区天生路2号
印　　刷：重庆恒昌印务有限公司
成品尺寸：160 mm×235 mm
印　　张：6.75
字　　数：80千字
版　　次：2023年12月　第1版
印　　次：2023年12月　第1次印刷
书　　号：ISBN 978-7-5697-2061-7
定　　价：48.00元

序

温泉是地层中地下水活动的一种天然产物，是大自然对人类的无私馈赠，是上苍赐予的宝贵财富。温泉水可以祛病养生、怡情静心，备受古今中外人们的喜爱。重庆温泉利用历史悠久，据记载，西汉时即开始大规模利用盐温泉制盐；南朝宋景平元年（公元423年）佛教高僧慈应率众在缙云山创建温泉寺，开启了重庆温泉理疗养生的历史；1926年，南泉公园事务所成立，南温泉公园开园，开创了重庆近代温泉景区的历史。

重庆深得大自然的宠爱，温泉资源丰富、品质优良，温泉已成为重庆一张靓丽的名片。2010年，重庆凭借得天独厚的温泉资源优势，成为我国第一批获得"中国温泉之都"荣誉称号的城市。继获"中国温泉之都"称号后，重庆加大政府投入，科学规划，有序开发，合理利用温泉资源，不断丰富温泉的文化内涵，提升温泉旅游档次，打造了一批世界级精品温泉。2012年10月26日，经来自欧洲、非洲及亚洲16个国家和地区的70多名全球顶级专家评审通过，重庆成为全球首个"世界温泉之都"。

经过多年的投入和勘探，截至2022年底，全市范围内共有160处各种类型的温泉，日产水量超过30万 m^3，水中含有丰富的矿物质和微量元素，重庆在此基础上形成了一定规模的温泉旅游产业。

重庆市规划和自然资源局作为温泉资源的主要管理单位，为普及科学知识、宣传地质科学，于2019年启动重庆温泉科普读物的编写工作，并委托重庆市地质矿产勘查开发局南江水文地质工程地质队承担，采用了科普读物的形式向大众普及温泉知识，这有利于温泉走进民众生活。该科普读物不仅可以帮助我们科学认识重庆温泉，还能帮助我们掌握特殊自然现象背后的自然规律，引导我们思考在未来应当如何科学地利用和保护这份宝贵财富，并将它传承给子孙后代。

重庆市地质矿产勘查开发局南江水文地质工程地质队在历时三年收集和整理众多资料的基础上，经多次讨论、修改，完成了该地学科普读物的编写。读物主要分为五个章节，编写思路是由表及里地介绍重庆温泉，前四章适合普通民众了解温泉知识、重庆温泉的特点和主要温泉的概况，第五章相对专业，有一定地理或地质知识基础的读者更容易理解。

读物在编写过程中得到了重庆市规划和自然资源局的大力支持和指导，东温泉、南温泉、统景温泉等众多温泉景区的大力配合，各级领导、专家提出了很多建设性的编写思路和修改意见，在此一并表示衷心的感谢！

由于编者水平有限，书中不足或不恰当之处在所难免，敬请读者批评指正。

编　者

2023年6月

目录
CONTENTS

第一章 温泉的内涵　　　　　　　　　1

第一节　泉及其种属　　　　3
第二节　温泉的形成及分类　　　　4
第三节　温泉的神奇功效　　　　15

第二章 重庆"温泉之都"的渊源　　　　25

第一节　世界温泉分布概况　　　　27
第二节　温泉之都的"名"与"实"　　　　27

第三章 重庆温泉的文化　　　　　　　　35

第一节　宗教文化　　　　37
第二节　养生文化　　　　38
第三节　巴盐文化　　　　39

第四章 重庆温泉的"味道"   41

   第一节 天然"淡"温泉   44

   第二节 天然"咸"温泉   61

   第三节 人工勘探的温泉   71

第五章 重庆温泉的"脉络"   81

   第一节 神秘的地质构造   83

   第二节 山与水的完美结合   86

   第三节 温泉中矿物成分的来源   92

   第四节 一方水土一方泉   96

第一章

温泉的内涵

第一节　泉及其种属

泉（Spring）是大自然对人类无私的馈赠，是地下水天然集中并在地表出露，是地下含水层或含水通道呈点状出露地表的地下水涌出现象，为地下水集中排泄的一种形式。它是在一定地形、地质和水文条件的结合下产生的。

温泉（Hot Spring）包括天然温泉和人工温泉。天然温泉是泉水的一种，是从地下自然涌出的泉口水温显著高于当地年平均气温的地下天然泉水，是含有对人体健康有益的微量元素的矿物质泉水；人工温泉是通过人工钻井，从地下深处直接抽取使用的地下热水。两者本质上都是地热资源，区别在于其出露方式是天然出露还是人工抽取。

第二节 温泉的形成及分类

温泉是地层中地下水活动的一种天然产物,大多数出现在碳酸盐岩即以碳酸钙为主要成分的石灰岩体中,有部分出现在岩浆岩中,还有少数出现在砂砾岩中。

> **小知识**
>
> 温泉主要出露于碳酸盐岩地层中,主要原因是碳酸盐岩为富水层,其岩石内部的裂隙、管道为地下水向深部径流提供了较好的通道,径流条件较好;而岩浆岩、砂砾岩则是以裂隙水、孔隙裂隙水为主,地下水主要通过裂隙向深部径流,径流条件相对较差。

一、温泉的形成

一般而言,温泉的形成可分为两种。一种是受地热增温形成的。地热增温是指地下岩层温度随着深度的增加而增加。形成这种类型的温泉要求具备较好的含水层,在国内多为碳酸盐岩地层,部分地区也可为砂砾岩。此类温泉大多具有矿物含量丰富、流量大,但温

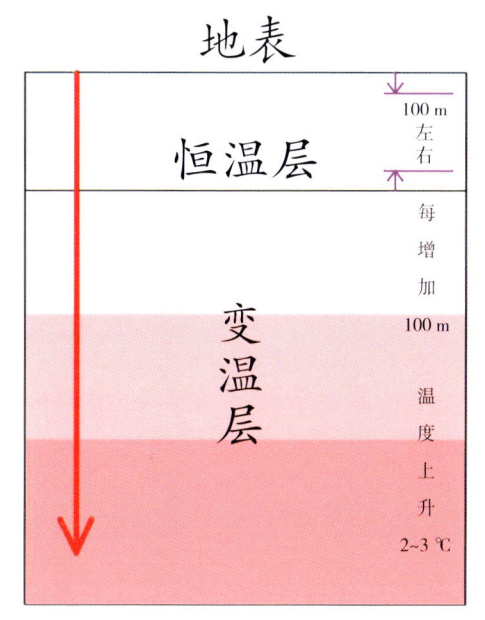

地热增温示意图

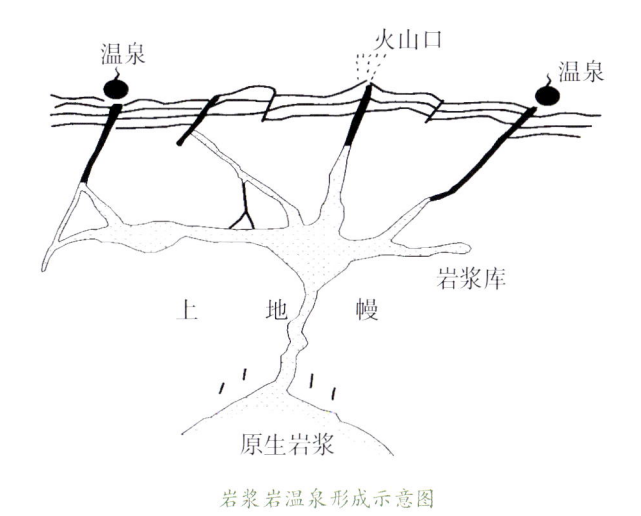

岩浆岩温泉形成示意图

度不高（大多不超过 60 ℃）的特点，主要分布在一些大型沉积盆地的边缘地带。国内较为典型的是四川盆地周边地区，如东部的重庆地区（四川盆地与川、鄂、湘、黔山区的过渡带）、北部的广元地区（四川盆地与米仓山过渡带）、南部的泸州和宜宾地区（四川盆地与云贵高原的过渡带）、西部的龙门山断裂带以东地区（四川盆地与川西高原的过渡带）。

另一种则是由于地壳内部的岩浆直接加热或火山喷发所伴随形成的，俗称火山型温泉。这类温泉的热源来自地底下还未冷却的岩浆，热量十分集中且稳定。这类温泉一般温度较高，大部分会沸腾成水蒸气，其分布往往与火山的分布有着密切的关系。例如：国内有火山分布较为密集的云南腾冲温泉、位于青藏高原的西藏羊八井温泉；国外则有美国的黄石公园温泉群等。

二、温泉的分类

温泉的分类方式较多，通常可以按照成因、水质类型、温度、出露方式等进行分类。

（一）按成因分类

如前文所述，温泉按照其形成原因可以分为岩浆加热型和地热增温型。其中，岩浆加热型温泉主要是由岩浆直接加热而形成的，地热增温型温泉是由普通地热增温形成的，重庆的温泉就属于典型的地热增温型。

（二）按水质类型分类

根据温泉水质可以从水化学类型、水中的矿物组分两个方面进行分类。

1. 按水化学类型分类

按照水化学类型，温泉大多可分为硫酸盐型、氯化物型和重碳酸盐型三大类。重庆的温泉也主要为这三种类型。

（1）硫酸盐型温泉：该类型温泉较为普遍，其矿化度一般较高，矿物质的质量浓度大多高于 2 000 mg/L，尤其其中硫酸根的质量浓度会超过 1 000 mg/L。重庆绝大多数的温泉属于此类型。

（2）氯化物型温泉：该类型温泉相对较少，一般情况下是由地热水溶解岩石中的氯化钠矿物形成的。典型的例子就是在重庆武隆、彭水一带的盐温泉，它们都属于氯化钠型，并因此成了西南地区主

> **小知识**
>
> 水化学类型分类就是按照水中普通化学离子的质量分数来进行分类，其要求参与命名的离子的质量分数超过 25%，以表示该离子为水中主要的离子组分。

要的食盐产地之一（彭水郁山、武隆羊角盐井峡）。重庆万州长滩温泉也为氯化钠型，其氯化钠的质量浓度超过 100 g/L，是目前重庆地区含盐量最高的钻井温泉。

（3）重碳酸盐型温泉：该类型温泉较为少见，其矿化度相对较低，矿物质的质量浓度大都低于 1 500 mg/L。甚至部分低于 1 000 mg/L 的温泉水是可以饮用的。例如重庆酉阳毛坝地热井的温泉水的水质指标大部分都达到了饮用水的标准要求，经除铁锰工艺处理后即可饮用。

实际环境中的温泉大多是上述一种或两种类型的混合，其中硫酸盐型是较为普遍的类型，数量占比最大，混合型以硫酸盐型与重碳酸盐型的混合为主。

2. 按水中的矿物组分分类

温泉中矿物成分丰富，水中的一些有益组分达到一定的浓度后，就具备一定的理疗养生效果。根据其含量的高低和效果的差异，可分为有医疗价值浓度、矿水浓度和命名矿水浓度三个等级，一般情况下，命名矿水浓度 > 矿水浓度 > 有医疗价值浓度。

一般情况下，温泉中 2~3 项离子或组分能够达到理疗热矿泉水水质标准就属于稀有的资源。重庆地区温泉一般是含偏硅酸、偏硼酸的氟、锶低温热矿水；部分温泉中的硫化氢、锂可以达到命名矿水浓度。

理疗热矿泉水水质标准

成分	有医疗价值浓度	矿水浓度	命名矿水浓度	矿水名称
二氧化碳	250 mg/L	250 mg/L	1 000 mg/L	碳酸水
总硫化氢	1 mg/L	1 mg/L	2 mg/L	硫化氢水
氟	1 mg/L	2 mg/L	2 mg/L	氟水
溴	5 mg/L	5 mg/L	25 mg/L	溴水
碘	1 mg/L	1 mg/L	5 mg/L	碘水
锶	10 mg/L	10 mg/L	10 mg/L	锶水
铁	10 mg/L	10 mg/L	10 mg/L	铁水
锂	1 mg/L	1 mg/L	5 mg/L	锂水
钡	5 mg/L	5 mg/L	5 mg/L	钡水
偏硼酸	1.2 mg/L	5 mg/L	50 mg/L	硼水
偏硅酸	25 mg/L	25 mg/L	50 mg/L	硅水
氡	37 Bq/L	47.14 Bq/L	129.5 Bq/L	氡水

(三)按温度分类

根据人体感受可将温泉按温度分为低温泉（20~40 ℃）、中温泉（40~60 ℃）、高温泉（60~100 ℃）。因为水温 20~40 ℃让人感觉温暖，40~60 ℃时人体虽然能感觉到烫但可以忍受，高于 60 ℃后人体几乎不能忍受，超过 70 ℃后人体会感觉痛苦，85 ℃以上就有可能造成烫伤。

现行规范按照以下温度划分温泉类别：高温温泉（$t \geq 150$ ℃）、中温温泉（90 ℃ $\leq t < 150$ ℃）和低温温泉（25 ℃ $\leq t < 90$ ℃）。在低温温泉中，还可以分为低温热水（60 ℃ $\leq t < 90$ ℃）、低温温热水（40 ℃ $\leq t < 60$ ℃）、低温温水（25 ℃ $\leq t < 40$ ℃）三种类型。

温泉（地热资源）温度分级利用

温度分级		温度界限 / ℃	主要用途
高温地热资源		$t \geq 150$	发电、烘干、工业利用、采暖
中温地热资源		$90 \leq t < 150$	烘干、发电、采暖
低温地热资源	热水	$60 \leq t < 90$	采暖、理疗、洗浴、温室种植
	温热水	$40 \leq t < 60$	理疗、休闲洗浴、采暖、温室种植、养殖
	温水	$25 \leq t < 40$	洗浴、温室种植、养殖、农灌和采用热泵技术的制冷供热

现有温泉除少量岩浆加热型能达到高温温泉的标准外，国内大部分地区的温泉都属于低温温泉。国内中高温温泉主要分布在地壳活动较活跃的地区。例如青藏高原（包括西藏以及川西高原地区）、云贵高原的腾冲地区、海南岛、长白山地区均有零星或者成片高温温泉的出露。而低温温泉则主要分布于广大的沉积岩区域，一般都赋存在砂岩或者碳酸盐岩地层中。例如：重庆地区的温泉温度大多在 35~62 ℃之间，基本属于低温温热水或者低温温水的范畴；而在华北平原的天津、北京等地，温泉的温度基本在 50 ℃以上，属于低温温热水或低温热水的范畴。温泉温度的差异造成其用途差异较大，西南高原地区地热温度较高，可用于发电、工业利用等用途，在北方地区温泉主要用于供暖，少量用于温泉理疗，即以用热为主；而在重庆地区温泉绝大部分用于理疗、洗浴，即以用水为主。

（四）按出露方式分类

1. 天然温泉

天然温泉是温泉的最初形式，其出露方式相对简单，基本分布在峡谷或者河谷地带，例如重庆主城地区的绝大多数天然温泉都是与河流、峡谷相关的，大多是沿岩层裂隙或小型断层出露。但不同天然温泉的出露方式又各有区别，与当地的微地貌、微地形等相关，例如：北温泉是地下水通过缙云山中的断层所形成的裂隙在嘉陵江

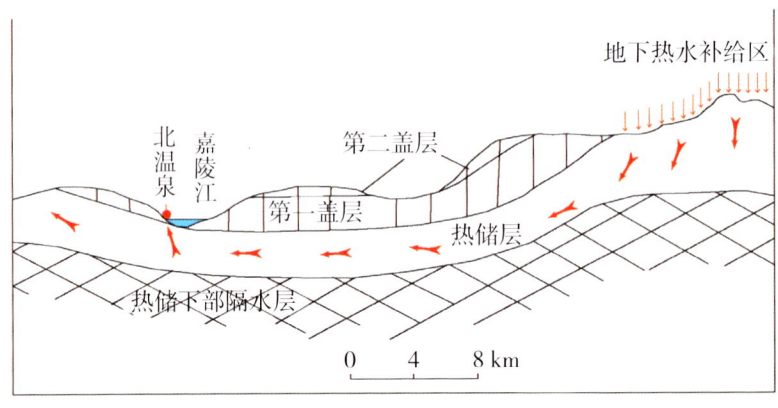

北温泉补给示意图

边的黄灰、青灰色砂岩中流出来的,并在温泉水流过的地带形成了假溶洞——乳花洞。

2. 人工出露温泉

人工出露温泉主要是通过人类工程活动揭露而获得的,可以分为人工硐室温泉和人工钻井温泉两大类。

人工硐室温泉是指通过洞室挖掘而获得的温泉,这种洞室可以是隧道、煤矿或者其他采矿的巷道。这种类型的温泉在重庆比较多,大多数是煤矿矿洞出水,现大多数矿洞都已关闭,但仍有少量的温泉水流出。由于巷道开挖的深度较浅,一般这种类型的温泉水温较低,流量相对较大。重庆地区比较典型的是江津长冲煤洞温泉,其日出水量可达 30 000 m³,但温度只有 25 ℃左右。

人工钻井温泉是指采用钻井的方式而揭露的温泉,根据钻井深度可以分为浅钻井和深钻井两种。

浅钻井通常是指深度小于 1 000 m 的钻井,这类钻井基本处在有天然温泉出露的地方,例如重庆巴南东泉镇有温泉浅钻井 6 口,巴南桥口坝有温泉浅钻井 3 口,渝北统景镇原有温泉浅钻井 3 口,经整合后现仍有 2 口,此类钻井温泉大部分都在使用中。

深钻井是指深度大于 1 000 m 的钻井,这类钻井基本分布在山脉的山脚位置,深度大多在 2 000 m 左右。

20 世纪 90 年代,重庆市政府组织施工了一批深度在 1 000 m 左右的钻井,例如:涪陵荔枝园钻井(现涪陵泽胜温泉城附近),深度为 1 110 m,水温 38 ℃,出水量约为 1 010 m³/d;渝北龙门桥 1 号井(玉峰山至渝北龙门村一带),深度为 1 050 m,水温 34.6 ℃,出水量约为 500 m³/d。这些钻井的实施并取得成功为重庆地区温泉勘探理论的深入提供了丰富的经验。2000 年以后重庆施工的钻井深度大多在 2 000 m 左右。江津珞璜的地热井,其深度达到了 2 530 m,是目前重庆地区以温泉勘探为目的并取得成功的最深钻井。

钻井温泉开采示意图

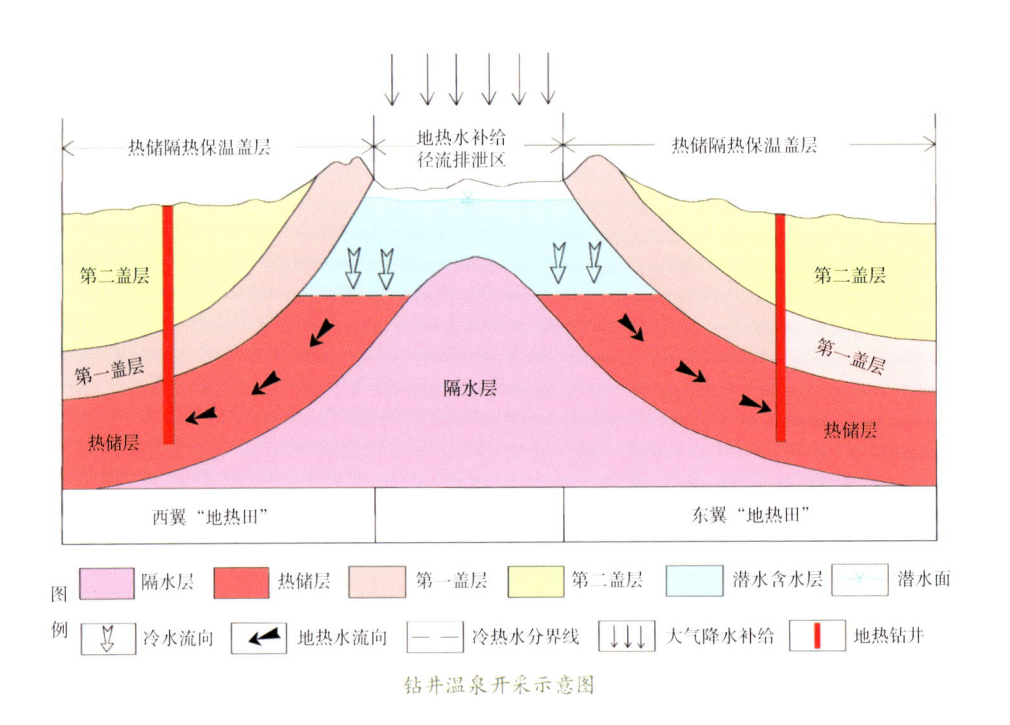

第三节　温泉的神奇功效

"六气淫错，有疾疠兮。温泉汩焉，以流秽兮。"[①] "右出温汤，疗治万病，泉所发之麓，俗谓之土亭山。"[②] "温泉……【主治】诸风筋骨挛缩，及肌皮顽痹，手足不遂，无眉发，疥癣诸疾，在皮肤骨节者，入浴。"[③] 这是我国古人对温泉神奇功效的描述。

中国劳动人民发现和利用温泉治病，已有数千年的悠久历史。1 000多年前的《水经注》记载："又东合温泉水，水出西北暄谷，其水温势若汤，能愈百疾，故世谓之温泉焉。"[④] 唐代《温泉铭并序》碑文记载"朕以忧劳积虑，风疾屡婴，每灌患于斯源，不移时而获损。"[⑤] 唐太宗亲自勒此碑铭，因为温泉治愈了他患多年的风湿病，特立此碑颂扬骊山温泉（今陕西华清池）之疗效。

温泉水中矿物质丰富，相关研究显示，水中的二氧化碳、总硫

[①] 龚克昌等：《全汉赋评注》，花山文艺出版社，2003，第391页。
[②] 郦道元：《水经注》，陈桥驿注释，浙江古籍出版社，2013，第181页。
[③] 李时珍：《本草纲目》第一卷，吉林大学出版社，2009，第270页。
[④] 郭超：《四库全书精华 史部 第4卷》，中国文史出版社，1998，第3829页。
[⑤] 吴云，冀宇：《唐太宗全集校注》，天津古籍出版社，2015，第622页。

化物、氟、溴、碘、锶、铁、锂、钡、偏硼酸、偏硅酸、氡这 12 种离子或组分达到一定的质量浓度后，就具备一定的理疗养生效果。

重庆温泉水温适宜，富含多种矿物质和微量元素，大多温泉的偏硅酸、偏硼酸、氟、锶的质量浓度可以达到理疗热矿水水质标准，少量温泉的硫化氢、镭、氡的质量浓度可以达到理疗热矿水水质标准，有着神奇的功效。关于温泉的理疗作用及机理，目前仍处在探索和研究阶段。温泉对人体的养生保健和康复治疗作用需要通过长期疗养和综合调整才能有较佳效果。

一、温泉的物理功效

人们在泡温泉的运动过程中，温泉水常规物理特性产生的机械刺激作用、温度刺激作用具有奇特的功效。

（一）机械刺激作用

机械刺激作用是指水的浮力、静水压力及水微粒运动对人体的按摩作用。温泉水会增加人体运动的阻力，使运动量增加，从而提高能量代谢的速度，促进热量的消耗，提高运动效果，起到减肥、塑身的作用。同时水的阻力可以减缓急速启动或者停止等动作的幅度，有效防止关节、韧带、肌肉等的损伤，对一些深层的肌肉还能有一定的强化作用。因此，很多运动损伤的康复锻炼都是在水中进行的。

温泉中含有丰富的矿物成分，当人体浸泡在温热矿泉水中，因矿泉水产生的浮力作用，能够让人感觉体重明显减轻，四肢关节变得更加灵活，对肌肉萎缩、关节障碍等疾病有一定的治疗效果。同时，人体在受水压作用影响时，胸围、腹围会进行一定程度的收缩，吸气需力度更大，呼气会更加顺畅。水力静压腹部还能够促进消化，改善胃动力。

（二）温度刺激作用

不同的水温会使皮内血管扩张或收缩，从而伴随心搏量的增加或减少、血压降低或升高、血糖降低或升高等。最直接的感觉是泡个热水澡可消除疲劳，缓解关节僵硬胀痛，等等。

温泉的温度高于一般泉水，理疗养生效果非常明显。重庆温泉的温度一般在 35~62 ℃之间，最适合温泉洗浴。温泉洗浴具有一定的优化人体循环功能的作用，可加快血液循环、促进人体的新陈代谢，能够起到增强身体素质、预防疾病、松弛肌肉的作用，对早期高血压、冠状动脉供血不足有一定的治疗效果。在温度为 36~39 ℃的温泉水中沐浴，能够降低神经的兴奋程度，起到一定的镇静效果；在温度为 40~42 ℃的温泉水中沐浴，能够对人体皮肤的毛细血管产生刺激，促进心脏脉搏加速、稳定血压。

二、温泉的化学功效

温泉符合理疗矿泉水水质标准时,其中的微量元素就能够对人体起到一定的理疗作用,这是温泉水独有的功效。重庆温泉中富含氟、锶、偏硅酸、氡、硫化氢等矿物成分及微量元素,具有较高的理疗价值。

(一)氟

氟是人体中不可或缺的重要元素,适量的氟离子可以改善牙齿的抗酸性能,抑制细菌,抑制酶的活性。氟离子吸附在牙齿表面后可形成一种具有抗酸性能的保护层,增加牙齿的硬度。同时,氟离子还能够减少碳水化合物分解形成的酸,在一定程度上促进牙齿与骨骼的健康成长。

(二)锶

锶是人体骨骼及牙齿的组成元素之一,能形成促进骨骼发育的类骨质,缺锶将会阻碍人体新陈代谢的正常进行以及对骨钙的补充。

(三)偏硅酸

硅元素能够预防动脉硬化,血管中的硅元素主要集中于弹性硬蛋白及胶原蛋白中,能改善人体血管壁的渗透功能,促进弹性纤维的再生,具有一定的保持血管弹性的作用。另外,偏硅酸还能在一定程度上缓解心血管疾病、关节炎等病症,对人体的骨骼生长、皮肤状态有改善作用。

（四）氡

氡是一种具有极弱放射性的气体，在氡的影响下人体皮肤内部会形成引起血管收缩与扩张的物质，在热矿水沐浴时人体的皮肤血管会出现收缩、扩张等情况，经过调整平衡后，人体血压下降，心肌功能得到改善。氡能够进入人体神经组织内部，通过调整神经功能使人体恢复平衡，并且具有一定的镇静作用，对关节炎、神经痛有一定的治疗效果。另外，氡能够有效促进女性卵细胞生长，调节妇女内分泌功能，因此，部分卵巢功能失调、月经不调的女性适合利用含氡矿泉水进行治疗。

（五）硫化氢

硫化氢在温泉中以气态的形式存在。该化合物对人体有一定的兴奋作用，在泡温泉时可以刺激皮肤，同时还可以通过皮肤被人体吸收或经过呼吸道进入人体内部，以刺激皮肤神经及血管壁的内感受器，使皮肤形成组织胺等物质，能够起到一定的抗菌作用，对慢性皮肤病有一定的治疗效果。硫化氢洗浴还能够强化肾功能，在一定程度上可以促进尿素、重金属排出，有效改善肾脏功能。

三、温泉的健身疗效

人类早期便开始将温泉用于洗浴和医疾疗伤，希腊人很早就知道温泉的治疗功能，罗马人在公元 2 世纪就开始系统地利用温泉治疗疾病。温泉含有人体所需的多种微量元素，当其中的微量元素达到矿泉水水质要求时，温泉就具备一定的理疗保健价值。

中国医疗矿泉专家陈炎冰认为，温泉一般含有多种活性作用的微量元素，有一定的矿化度，泉水温度常高于 30 ℃。温矿泉对肥胖症、运动系统疾病（如创伤、慢性风湿性关节炎等）、神经系统疾病（神经损伤、神经炎等）、早期轻度心血管系统疾病、痛风、皮肤病等具有一定的治疗作用。

（一）改善精神状态

温泉可以活络筋骨、减轻酸痛，冷热交替可使全身放松，让人体在浸泡温泉后，感到全身充满能量。

（二）促进血液循环

浸泡温泉时，由于人体体表温度升高，皮肤血管扩张，内脏血液向体表流动，促进血液循环，加速新陈代谢。

（三）治疗皮肤杂症

浸泡温泉时，皮肤血管扩张，可以改善皮肤血液循环和增加组织营养，增强皮肤的抵抗力，还可杀菌、去角质。所以，经常浸泡温泉，对疥疮、脂溢性皮肤炎、青春痘、痒疹等皮肤病有一定的疗效。

（四）防治慢性关节炎

浸泡温泉可缓解关节、韧带的紧绷，促进关节软骨代谢，消除疼痛，提升关节的活动能力，对防治慢性风湿性关节炎颇有疗效。

四、温泉利用的其他小知识

在逐渐认识温泉水的保健功能、宣扬温泉好处的同时，不合理利用温泉对人体、环境造成的危害也不可忽视。

（一）温泉的利用范围

温泉水中的矿物质是一把"双刃剑"，含量丰富是好事，但同时也需要对其利用范围进行一定的限制。

根据重庆温泉水质的统计分析，重庆温泉不能直接用于生活饮用、农田灌溉、渔业养殖等方面。重庆大多数温泉的总矿化度、总硬度、硫酸根、氟等多项指标超过了《生活饮用水卫生标准》（GB 5749—2022）等相关规范的标准，不能直接作为生活饮用水。其全盐量（总矿化度）、硫化物、氟化物、硼等多项指标超过了《农田灌溉水质标准》（GB 5084—2021）等相关规范的标准，不能直接用于农业灌溉。

（二）温泉理疗的注意事项

1. 浸泡温泉时间不宜过长

温泉中丰富的矿物成分及微量元素对人体虽具有神奇的功效，但泡温泉的时间不宜过长，长时间浸泡会对人体产生不良影响。例如：温泉中含有硫化氢、氡等气体，不断从水中逸散，使空气中的硫化氢、氡等气体及其离子含量增加，长时间吸入会对人体健康产生危害。

2. 一些温泉不宜直接用于洗浴

温泉通常具有臭鸡蛋味，这是因为水中含有硫化氢（H_2S），当硫化氢的质量浓度过高时，不能直接用于洗浴，人体大量吸入后会发生硫化氢中毒，严重时可能会危及生命。例如重庆万州长滩温泉中硫化氢的质量浓度达到了117.86~153.86 mg/L，洗浴前需对温泉水进行曝气处理，使其硫化氢浓度降到安全范围内。

3. 特殊人群泡温泉应接受专业指导

对心脑血管疾病患者来说，由于泡温泉时人体温度升高，出水后温度下降，一热一冷，短时间内引起血管扩张和收缩，容易诱发脑卒中及心肌梗死。因此，此类人群应在专业的指导下进行温泉理疗。

糖尿病患者如果血糖不稳定，在泡温泉时容易出汗，造成脱水，易引起血糖变化。此类人群应及时补水，注意监控血糖变化。

4.部分人群不宜浸泡温泉

对皮肤有伤口、溃烂或严重感染、霉菌感染的人（如香港脚、湿疹的患者）来说，就不适合泡温泉了，因为这样不但会污染水质，还会使伤口恶化。

第二章

重庆"温泉之都"的渊源

第一节　世界温泉分布概况

世界温泉资源分布具有不均匀性。根据相关机构研究统计，我们可以了解到世界温泉的分布受大地构造和地壳运动的影响，在空间上分布不均衡。世界温泉分布带有：美国西部——中美洲——加勒比群岛——南美西部，沿大西洋中脊岛屿带，阿尔卑斯——喜马拉雅山带，东非和阿拉伯半岛，亚洲大陆中央地区，西太平洋带（日本、中国等），太平洋岛屿带（斐济、夏威夷等）

第二节　温泉之都的"名"与"实"

一、温泉之都之"名"

重庆温泉利用历史悠久，据记载，自西汉时期便开始大规模利用盐温泉制盐。南朝宋景平元年（公元423年）佛教高僧慈应率众在缙云山创建温泉寺，从此开创了重庆温泉开发利用的历史。

1926年，南泉公园事务所成立，南温泉公园开园，开创了重庆近代温泉景区的历史。1927年，卢作孚先生创建了中国最早的温泉旅游主题公园——北泉公园，北温泉又担当起了近现代重庆温泉旅游产业先锋者的角色。1935年，西温泉开始被开发利用。抗战陪都时期，北温泉、南温泉、东温泉和西温泉是当时政治军事和文化等领域名人汇聚的场所，由此重庆温泉开始名扬海内外。

重庆温泉资源具有得天独厚的优势，资源总量大。重庆凭借地热资源丰富、开发利用合理、管理与保护制度健全等方面的优势，以及在发展低碳经济、温泉（地热）文化、开发利用技术等方面的突出成果，成为我国第一批获得"中国温泉之都"荣誉称号的城市。

获得"中国温泉之都"称号之后，重庆加大政府投入，科学规划，有序开发，合理利用，不断丰富温泉文化内涵，提升温泉旅游档次，打造了北温泉、融汇温泉等一批世界级精品温泉。2012年10月26日，经来自欧洲、非洲及亚洲16个国家和地区的70多名全球顶级专家评审通过，重庆成为全球首个"世界温泉之都"。

二、温泉之都之"实"

重庆独特的地形、地貌及地质特征，造就了不一样的温泉。重庆温泉主要具有临城近景、数量众多又相对集中、水量大、矿物质丰富、开发利用多种多样等诸多特点。形成的温泉产业在规模、数量、质量、品种、特色、文化等方面在国内外都遥遥领先，其在多样性、丰富性和独特吸引力方面具有国际水准。

（一）资源丰富

重庆温泉资源丰富，主要表现在水量丰富、温度适宜以及水中富含矿物质。

1. 水量丰富

重庆温泉除少量天然温泉的日出水量在300~500 m³以外，单点日出水量基本在1 000 m³以上，日出水量在2 000 m³左右的温泉较多。其中日出水量在5 000 m³以上的有巴南东温泉的热洞钻井温泉、沙坪坝梨树湾温泉（融汇温泉）和璧山金剑山温泉（天赐温泉），其中热洞钻井温泉和金剑山温泉日出水量超过6 000 m³，为重庆温泉单点日出水量之最。重庆温泉的出水量在国内处于顶尖水平，例如同时期被评定为"中国温泉之都"的天津，其温泉单点日出水量大多在2 000 m³左右。

目前重庆市已经探明的温泉日出水总量超过30万m³，资源量远超国内其他地区。

2. 温度适宜

重庆的天然温泉温度大多在30~37 ℃，渝东南地区有少量天然温泉的温度可达50 ℃，钻井温泉的温度区间在35~63 ℃。上述温度的温泉十分适宜用于温泉洗浴、理疗，因此重庆温泉在经济社会发展中的利用较为普遍，特别是温泉旅游度假产业。

3. 水中富含矿物质

重庆温泉水中矿物质的质量浓度大多在 2 000~3 000 mg/L，少量的可达 10 000 mg/L（主要为氯化钠型的盐卤温泉），水中矿物质种类丰富；水化学类型为硫酸盐型或氯化物型；其主要的组分为氟、锶、偏硅酸、偏硼酸等，大多能达到国家规定的理疗热矿泉水水质标准。其中氟的质量浓度一般在 2.0~4.0 mg/L，锶的质量浓度一般在 10.0~15.0 mg/L，偏硅酸的质量浓度一般在 30.0~55.0 mg/L，偏硼酸的质量浓度一般在 1.5~2.8 mg/L。

地热水中污染物、微生物含量极低，感官性状良好，pH 值属中性，具微弱放射性。含有较丰富的特殊矿物质、气体成分和其他元素的低温温热水，具有较好的强身健体作用，对皮肤病、运动系统损伤等疾病辅助疗效显著。

（二）数量众多、分布相对集中

重庆温泉分布十分广泛，市域范围内目前查明的除潼南外，其他各区县均有温泉或具备勘探地热资源的条件；但又以主城地区的温泉最为集中，重庆主城范围内分布的主要山脉均蕴藏了丰富的地热水资源。截至 2022 年底，重庆市域范围内的 160 处温泉中，在

第二章 重庆"温泉之都"的渊源

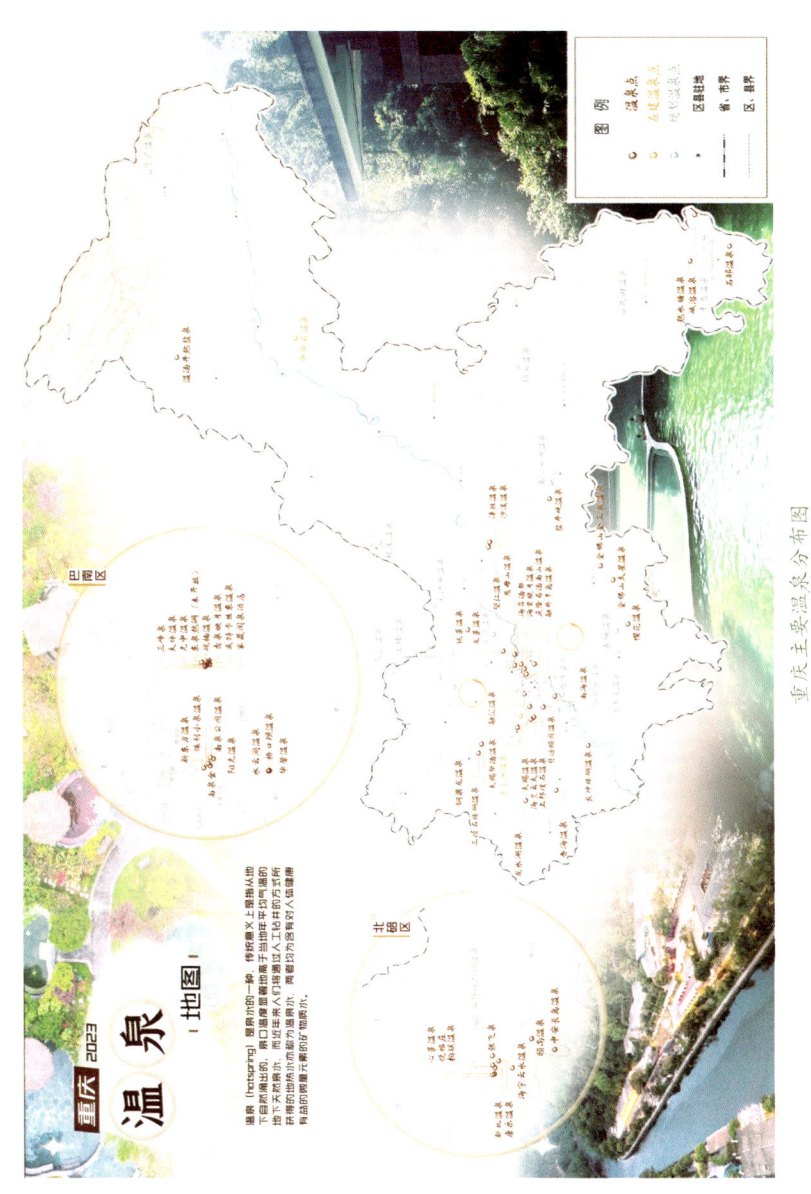

重庆主要温泉分布图

(本图来源于重庆市生态地质环境调查项目,由1:24研究所、重庆市地矿局南江地质队、川东南地质队等单位制作)

· 31 ·

主城地区的有128处，并在主城地区内形成了重庆"老四大名泉"（东温泉、南温泉、西温泉和北温泉）和"新四大名泉"（天赐温泉、统景温泉、融汇温泉和海棠晓月温泉）等一系列以温泉为主题的旅游景区。

主城地区的温泉具有"临城近景"的独有特色。重庆主城范围内分布着云雾山、巴岳山、缙云山、中梁山、铜锣山、明月山、东温泉山等众多山脉，这些山脉均蕴藏有丰富的温泉资源，在社会发展过程中，众多的温泉逐渐被发现和利用。在漫长的发展历程中，重庆主城地区的绝大多数温泉与秀丽的山水、雄伟的峡谷等自然景观，以及人文遗迹相结合形成了北温泉、南温泉、东温泉、统景温泉等众多以温泉为主题、与自然风光相结合的综合性旅游景区。

（三）开发利用方式科学且多样

结合重庆温泉温度适中、矿物质和微量元素丰富等适宜理疗养生的特点，重庆各地科学勘探、规划，开发建设了多个以温泉理疗为主的旅游休闲风景区。根据温度、矿物组分不同，以温泉旅游、医疗保健、种植养殖等方面的优势差异为基础，重庆温泉形成了都市休闲型、休闲度假型、旅游地产型、运动休闲型、康乐疗养型、生态庄园型、会议会展型等多种类型。并在国内率先创新建设了"温泉+景区旅游""温泉+康乐疗养休闲""温泉+会展""温泉+运动游乐""温泉+生态庄园""温泉+旅游地产""温泉+养殖""温泉+种植"等开发利用模式。

（四）健全的管理与保障制度

重庆市将温泉作为一种矿产资源，在行政上由重庆市规划和自然资源局统一管理，并按照矿产资源的管理要求办理探矿权、采矿权；各区县规划和自然资源局实施具体监管。同时，为了保障温泉开发利用的科学性，重庆市专门出台了《重庆市地热资源管理办法》；制定了《重庆市地热水资源勘查与开发利用规划》；建立了完善的温泉资源动态监测系统，实时监测各温泉的水位、水温、出水量，严格控制利用量，有效遏制了温泉水因过度利用而造成的资源枯竭现象；建成并健全了矿山地质环境保护与恢复治理的管理与监督体系，加强了对地热尾水排放的监管。

第三章

重庆温泉的文化

众所周知，重庆市域内群山环抱、两江（长江与嘉陵江）交汇，其独特的地理位置、气候特征与历史沿革，形成了具有鲜明特色的巴渝文化。

温泉作为重庆地区丰富的自然资源之一，与重庆的历史和城市的发展紧密相连，在漫长的历史进程中也形成了丰富的温泉文化。

第一节 宗教文化

温泉附近有较多的寺庙，这是有一定宗教文化在里面的。因温泉水具有一定的药用价值，结合佛教救死扶伤、普度众生的理念，人们容易将温泉的神奇效果理解成神灵庇护、菩萨保佑，对温泉形成一定的崇拜。同时一般温泉附近人员相对集中，方便传播教义，因此温泉附近的寺庙大多香火鼎盛，成为享誉一方的佛教圣地。

起初重庆温泉也大多与宗教有一定的关系，尤其是佛教寺庙。如北温泉建有温泉寺，东温泉有白沙寺，南温泉因靠近观音寺又名观音寺温泉。

第二节 养生文化

在中国的传统文化中养生之道讲究天人合一、回归自然，因此养生之地一般都选择在青山绿水间。重庆的天然温泉基本是在风景秀丽、依山傍水的地方，与传统的养生文化不谋而合。

温泉养生文化正是以人为本，人以健康为本，健康以养生保健为保障，养生保健以温泉为基础。重庆温泉以优质且具有理疗效果的温泉资源、优美的自然环境、秀丽的山水风光，形成了东温泉、南温泉、北温泉等众多以温泉养生文化为代表的旅游休闲胜地。

第三节 巴盐文化

巴渝文化的"巴"是指巴国。据史料记载,在商朝至西周时期巫山地区催生了巴国文明,古巴国兴盛于周朝,战国时被秦、楚所灭。巴国文化在贫瘠的西南山地起源及兴盛源于制盐积累的大量财富,而制盐所取的水就来自盐温泉。最为著名的就是巫溪宁厂宝源山盐温泉和彭水郁山伏牛山盐温泉,其长达几千年的制盐历史对巴盐文化的起源和传播起到了非常重要的作用,并深深地影响着重庆人现在的生活。

第四章

重庆温泉的"味道"

重庆温泉分布广泛，种类多样，其中多数温泉水中以钙离子（Ca^{2+}）、镁离子（Mg^{2+}）、硫酸根离子（SO_4^{2-}）、重碳酸根离子（HCO_3^-）为主要矿物成分，但另有一部分温泉水中以钠离子（Na^+）、氯离子（Cl^-）为主要矿物成分，这些不同类型的温泉构成了重庆温泉的整体格局。

小知识

温泉的"淡"与"咸"是根据其矿化度和水化学类型来形象化区分的。"淡"温泉是指矿化度一般在 2~3 g/L，水化学类型为非氯化物型的温泉；"咸"温泉是指矿化度在 10 g/L 以上，水化学类型为氯化物型的温泉。

第一节 天然"淡"温泉

人们对重庆温泉的认识和利用起源于天然温泉。重庆天然"淡"温泉分布较广，主要出露在各褶皱山脉经河流切割的峡谷地带，如北温泉、南温泉、统景温泉、东温泉等。

一、北温泉

（一）地理位置

北温泉位于重庆北碚嘉陵江温塘峡南岸，距市中心约 52 km，位于北碚城区西北方向 5 km，背倚缙云山，濒临嘉陵江。

（二）出露形态

北温泉在嘉陵江温塘峡峡谷内自然出露，沿江两岸均有温泉出露，共有泉眼 10 余处，嘉陵江北岸有 3 处，南岸有 7 处，水温在 25~37 ℃。其中最著名的就是在北温泉公园里的出露点，水温在 37 ℃左右，日出水量可达 3 000 m^3，水化学类型属于硫酸钙镁型。

第四章　重庆温泉的"味道"

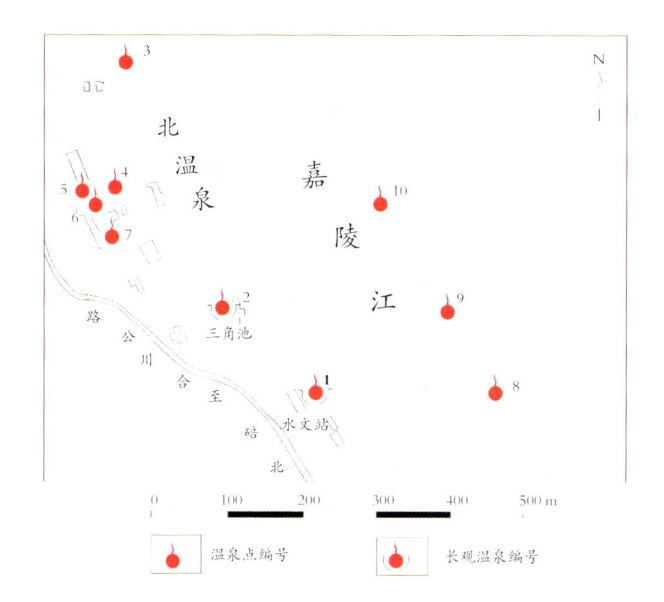

北温泉出露点分布图

二岩温泉（吴祥鸿摄）

·45·

（三）开发利用历史

北温泉是重庆地区最早有史料记载并进行利用的温泉之一。北温泉公园的前身为南朝宋景平元年（公元423年）建造的温泉寺，庙宇华丽，香火鼎盛，后经历北周武帝和唐武宗两度灭佛，以及山崖崩塌而毁，直到明宣德七年（公元1432年）重建，建得一门三殿，清康熙年间补修，形成现有的格局。1927年，卢作孚任北碚峡防局局长期间，看着几处残破的庙殿、满地的荒草，为了恢复昔日的风采，于此创办嘉陵江温泉公园，增建温泉游泳池与浴室、餐厅等旅游设施。后更名为重庆市北温泉公园。

20世纪40年代北温泉公园

（四）开发利用现状

以北温泉为核心的北温泉公园是缙云山自然保护区的重要组成部分。经过漫长的历史积累，北温泉公园形成了以嘉陵江温塘峡、缙云山自然风光为背景，温泉寺、石刻园、荷花池等历史人文景观点缀的开发利用格局。2002年被评定为国家AAAA级风景区。

北温泉公园全景

（五）独特之处

北温泉除历史悠久和温泉资源丰富之外，最为独特的是被誉为"天下第一假"的假溶洞——乳花洞，其"假"在于它洞体的岩石不是

"天下第一假"——乳花洞（刘波供图）

碳酸盐岩。著名的地质学家李四光曾到乳花洞研究其地质形态及成因，认为乳花洞的形成与北温泉有密切关系，构成乳花洞的岩体不是石灰岩，而是约5万年前的温泉"泉华"沉积物，"泉华"因受到挤压产生裂隙，热泉水流过裂隙，使"泉华"溶蚀，久而久之向溶洞发展，在其中形成了各种各样的岩溶景观。

乳花洞（吴祥鸿摄）

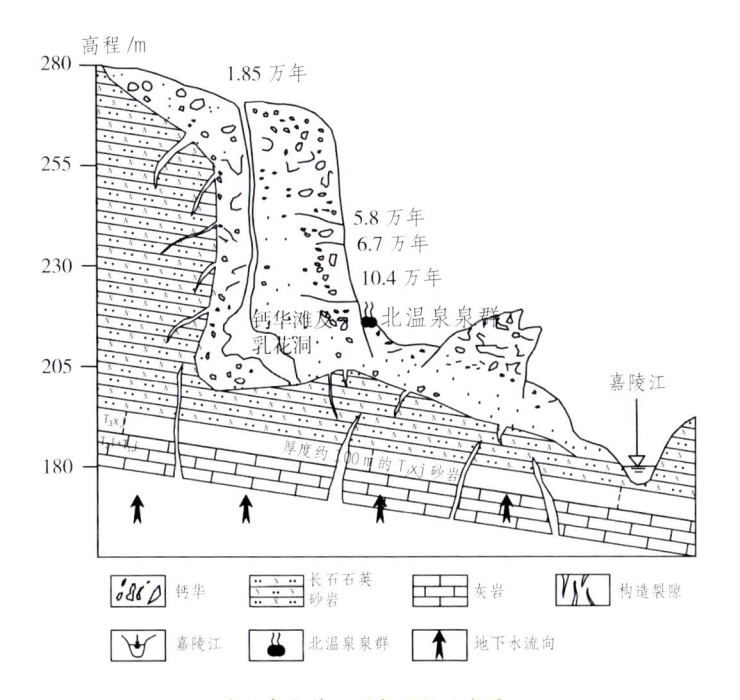

北温泉乳花洞形成历程示意图

（本图源于成都理工大学《缙云山隧道对周边地区地下水系统的影响及环境效应评价》报告，后在开展渝西高铁缙云山隧道影响评价项目中进行补充、修改）

小知识

　　北温泉的水源自华蓥山山脉的支脉缙云山山顶大面积裸露的碳酸盐岩区的大气降水。该山脉自四川广安境内向南延伸至江津油溪镇附近的长江边，长度超过 300 km，规模较大。温泉出露的控制因素是缙云山中的断层和嘉陵江温塘峡峡谷地貌。赋存在缙云山山中的温泉水通过断层沟通后，在温塘峡峡谷深切的影响下，在嘉陵江两岸大量溢出，形成了北温泉。

二、南温泉

(一) 地理位置

南温泉位于重庆巴南南泉街道南温泉风景名胜区内，距市中心约 18 km。

(二) 出露形态

南温泉在花溪河峡谷中自然出露，原天然温泉在河的南岸出露。1974 年南温泉水位下降断流后，采用了钻井的方式进行供水，1984 年又实施了第二口钻井备用。由于钻井年代久远，2008 年实施了第三口钻井，这也是目前正在使用的温泉水源，位于花溪河河心岛南面。该钻井深度为 519 m，水温 42 ℃，日出水量约 1 515 m^3，水化学类型属硫酸钙型，水中富含氟、锶、偏硅酸、偏硼酸等有益组分。

(三) 开发历史

南温泉有记载的利用起源于明朝万历年间，距今已有 400 多年的历史，到清同治年间巴县人周大成于此建亭，中间以石墙分隔，男女分浴。1927 年建成南温泉旅游风景区。抗战时期，国民政府迁都重庆，南温泉被划为"迁建区"，军政要人和机关、学校等纷纷迁入，蒋介石、宋美龄、林森、孔祥熙等长期在此泡温泉浴。

1949年后，朱德、刘伯承、邓小平等曾到此泳浴。诗人郭沫若也多次游浴南温泉，留诗赞曰："浴罢温汤生趣满，花溪舟楫唤人回。"

（四）开发利用现状

南温泉依靠极佳的地理位置，加之丰富的自然风光和深厚的历史文化底蕴，早在陪都时期就建设了南温泉风景区，景区内除建设有供大众休闲疗养的温泉酒店外，借助蜿蜒而过的花溪河、延绵近百千米的

峭壁飞泉（刘波供图）

南山山脉，形成了"南塘温泳""虎啸悬流""弓桥泛月""五湖占雨""滟滪归舟""峭壁飞泉""三峡奔雷""仙女幽岩""小塘水滑""建文遗迹""石洞探奇""花溪垂钓"等南温泉十二胜景。作为在陪都时期最为著名的温泉景区之一，南温泉景区及其周边还分布有大量的陪都遗迹，包括蒋介石校长官邸、孔园（孔祥熙官邸）、林森别墅、竹林别墅（二陈官邸）、曾公馆等。

> **小知识**
>
> 南温泉源自铜锣山和南山山脉山顶大面积裸露的碳酸盐岩区的大气降水。铜锣山和南山山脉自四川达州向南延伸至綦江境内，长度超过300 km，规模较大。温泉出露的控制因素是花溪河峡谷地貌。赋存在南山山脉中的温泉水在花溪河峡谷深切的影响下，在花溪河两岸大量溢出，形成了南温泉。

三、东温泉

（一）地理位置

东温泉位于重庆巴南东温泉镇五布河畔，距市中心区约68 km。

（二）出露形态

东温泉在五布河峡谷中自然出露，在五布河两侧共有 10 余处出露点，多以泉群的形式出现，在五布河北岸有 8 处，南岸有 4 处（其中下游近岸边的一处温泉及仙女洞附近的一处温泉被河水淹没），出露高程在 216~269 m 之间，水温在 32~42 ℃之间，日出水量从几十到三五百立方米不等。

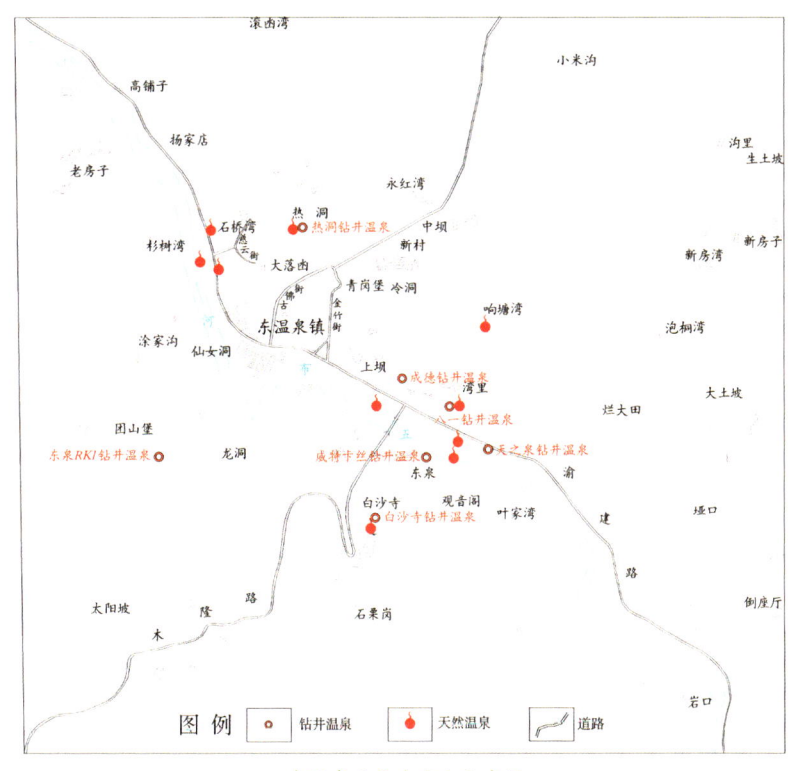

东温泉主要出露点分布图

2000年左右，为提高出水温度重庆市对其进行了钻探取水工作，而后在东温泉共实施了7处温泉钻井，五布河北岸4处，南岸3处，井深为126~520 m，水温为43~52.5 ℃，出水量从350~3 000 m^3/d不等，水化学类型为硫酸钙型，水中富含氟、锶、偏硅酸、偏硼酸以及氡等有益组分。

（三）开发利用历史

《巴县志》载："东温泉有温泉数所，在寺前后，其源甚壮，温暖得中，别男女池，一在木耳下，一在北岸溪滨，其在南岸濒水者，濯目疾良也。"民国时期，我国药业资本家汪代玺因喜爱东温泉的秀丽山水，在此修建了洗浴设施。抗战陪都时期，随着人口的大量涌入，东温泉得到了进一步的发展。1983年巴县东温泉风景管理所成立，开始对东温泉的开发利用进行规范化管理；2007年巴南区被评为"中国温泉之乡"，东温泉镇提出了打造国内一流的鲜花温泉小镇的目标，将东温泉的开发利用提高到一个新的高度。

（四）开发利用现状

东温泉作为"中国温泉之乡"巴南区的主要景区之一，充分利用其丰富的温泉资源，在东温泉镇建有规模大小不等的温泉旅游休闲酒店数十家，如规模较大的天体酒店、秀泉映月酒店等，温泉水日使用量达到5 000 m^3，是重庆地区温泉使用最为集中的区域之一。

东温泉五布河畔

东温泉在温泉资源的基础上，凭借其丰富的人文历史遗迹（白沙寺、慈云楼、抗战新村）、优美的自然风光（五布河、观景口峡谷）以及独特的地质奇观（热洞）被评为国家AAAA级风景区。

（五）独特之处

东温泉最独特之处在于热洞地质奇观。热洞是亚洲唯一具有洞内桑拿功效的喀斯特溶洞。热洞背靠东温泉木耳峰南麓，洞长百余米，洞径大小各异，大如厅、高大宽敞，小如窄巷、低矮狭窄。洞内有两孔温泉，泉水涌流不息，全洞仅一个洞口露在外面，洞尾深潜地下，洞中无空气对流，热量积于洞厅不易散失，从而形成了洞中终年恒温在43℃左右的奇观。

热洞沐浴，可蒸浴也可水浴，被誉为"天然桑拿"。中国工程院院士、世界知名岩溶地质专家卢耀如称其为世界罕见的自然瑰宝。

> **小知识**
>
> 东温泉的水源自东温泉山山脉的山顶大面积裸露的碳酸盐岩区的大气降水。该山脉自南川境内向北延伸至巴南东温泉镇，长度超过 100 km，规模较大。温泉出露的控制因素是东温泉山中的断层和五布河峡谷地貌。赋存在东温泉山中的温泉水通过断层沟通后，在五布河峡谷深切的影响下，在五布河两岸大量溢出，形成了东温泉山中温泉密集的出露区——东温泉。

四、统景温泉

（一）地理位置

统景温泉位于重庆渝北东部的统景镇，距渝中约 65 km，距重庆江北国际机场约 38 km，有优美历史传说的御临河、温塘河穿流而过。

（二）出露形态

统景温泉在温塘河峡谷的两岸天然出露，原有泉眼 11 处，1989 年地震后新增泉眼 16 个。泉眼主要在两个区域集中分布，一为感应洞竹子坝一带，出露高程为 210~245 m，水温 30~36 ℃；二为温塘坝至黄草坝一带，出露高程为 190~225 m，水温 30~48 ℃。天然温泉的日出水量从几百到一千余立方米均有，最大

统景温泉出露点分布图

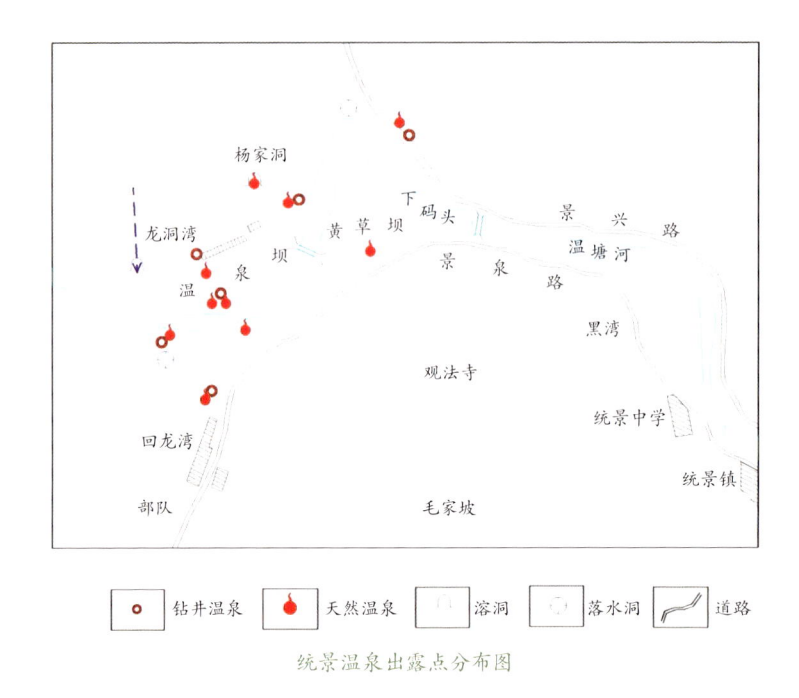

的为珍珠泉，日流量可达 1 382 m³。

2000年左右，为稳定景区的温泉水供应，景区先后组织施工了3个钻井，深度为118~350 m，水温42~52 ℃，日出水量约1 000~2 600 m³，后为统一管理风景区而进行了资源整合，仅使用了出水量最大的钻井。2015年，在景区升级改造的过程中景区重新组织实施了1处钻井，日出水量可达5 000 m³。

(三)开发利用历史

统景温泉利用历史悠久,1982年成立统景风景区,温泉正式开发运营。1989年被评定为"省级风景名胜区"。1998年、2000年均被重庆市评定为"十佳风景名胜区"。2006年被评为国家AAAA级旅游景区,2008年被评为"中国十佳休闲旅游景区"。2008年,"统景温塘"被评为"巴渝新十二景"。

(四)开发利用现状

重庆统景温泉风景区占地8.8 km²,依托风景区内优美的自然风景,景区充分利用得天独厚的温泉资源,以健康为主题,突出生态化、人性化、人文化理念,打造全国首屈一指的生态温泉浴场。

统景温泉风景区

目前景区主要由温泉中心、温泉理疗主题酒店、峡谷溶洞景区等组成，经过多次提档升级，已打造成为国际一流的温泉休闲养生度假胜地。

（五）独特之处

统景温泉藏身于万亩竹海之中，森林覆盖率高，景区内有感应洞、如佛洞、猴子洞等瑰丽多姿、各具奇趣的溶洞景观，也有统景"小三峡"之称的温塘峡、桶井峡、老鹰峡等峡谷景观。统景温泉已成为重庆最主要的温泉旅游地之一，也是川东、陕南等地区市民的温泉休闲娱乐旅游目的地首选之一。

小知识

统景温泉的水源自铜锣山山脉的山顶大面积裸露的碳酸盐岩区的大气降水。该山脉自四川达州境内向南延伸至铜锣峡，长度超过 200 km，规模较大。温泉出露的控制因素是御临河峡谷地貌。赋存在铜锣山中的温泉水在御临河峡谷深切的影响下，在御临河两岸大量溢出，形成了统景温泉。

第二节　天然"咸"温泉

相对于重庆主城区附近遍布的清泉，味咸的盐泉在重庆历史和文化中的地位更为重要。在渝东北的三峡库区和渝东南的乌江流域均分布有大量的盐温泉。根据盐业考古发现，在渝东南和渝东北地区有众多的盐业遗址，例如：如今的重庆忠县中坝遗址、云阳云安遗址、彭水郁山遗址等。三峡库区的大宁河流域和渝东南的乌江流域曾是泉盐的集中生产地，其中大宁河流域的巫溪宁厂镇、长江流域的开州温泉镇、乌江流域的武隆盐井峡（武隆羊角镇附近）、咸石峡（武隆江口镇黄草村附近）、乌江支流——郁江流域的彭水郁山镇都存在大量的古代制盐遗迹。由于三峡水库以及乌江梯级电站的建设，目前还可见的盐温泉位于巫溪宁厂镇、开州温泉镇和彭水郁山镇。

一、宁厂盐温泉

（一）地理位置

宁厂盐温泉位于巫溪县城以北 10 km 的宁厂古镇内，大宁河支流后溪河的北岸。

(二)出露形态

巫溪宁厂盐温泉又称宝源山白鹿盐泉,出露在巫溪宁厂古镇的后溪河北岸,高出大宁河河谷15 m左右。盐泉受浅部冷水混入的影响,水温和水量均不稳定,一般在29~34 ℃之间,日出水量在2 000~3 000 m³,一般夏季温度较低,出水量较大,冬季温度较高,出水量较小。这也造成夏季盐泉中的含盐量要低于冬季。根据2013年和2017年夏季的两次取样分析,夏季盐泉的含盐量在3.0 g/L左右,水化学类型为氯化钠型。

宁厂古盐泉(吴忠麟摄)

宁厂盐场遗址

（三）开发利用历史

有明文记载的大规模开发始于秦汉，自汉代设置盐官开发巫盐至20世纪90年代结束手工制盐，历史逾2 000年。在漫长的制盐历史中，形成了浓厚的巴文化和盐文化。在长达两千多年的时间里，宁厂盐一直是陕西汉中、商洛、安康及湖北竹溪、竹山、房县等地民众的生活必需品。至清乾隆三十七年（公元1772年），发展到盐灶户336家，盐锅1 008口，大宁河两岸白昼盐烟缭绕，遮天蔽日，夜晚则灶火通明，与江中渔火交相辉映，史称"两溪渔火，万灶盐烟"。

宁厂古镇因其深厚的文化底蕴、古朴的民风民俗、灵秀幽静的山水，被称为"上古盐都，巫巴故乡"。20世纪90年代，因手工制盐产量低成本高，小规模盐业生产颓势难挽，被迫停业。宁厂古镇因盐而衰，有数千年历史的古法制盐作坊难以为继，就此终结。

（四）开发利用现状

盐厂停止产盐后，盐卤水未被利用，直接排入后溪河，盐厂及其产盐设施逐渐荒废。2009年，宁厂盐业遗址被重庆市人民政府公布为第二批市级文物保护单位，龙君庙盐池遗址作为宁厂盐业遗址的重要组成部分被纳入重点保护范围。2015年当地政府对龙君庙盐池进行修缮复原，对盐泉泉眼进行保护，供科学考察及游客参观，龙君庙盐池遗址成为国家AAAA级景区"巫溪大宁河生态文化长廊"的重要组成部分。目前盐温泉除少部分被当地村民引到附近用于洗浴外，大部分直接排入河流，未进行开发利用。

小知识

宁厂盐温泉主要赋存在三叠系下统嘉陵江组地层中，盐泉循环深度较浅，约800~1000 m，其补给来源为东部相对较高的碳酸盐岩区，补给区高程约为650~1000 m。后经一定深度的循环后，由于天星河的切割作用，加之该泉点处岩层发生转折，形成加压窗口，从而在岩石较为破碎的地区流出。

二、郁山盐温泉

（一）地理位置

郁山盐温泉位于彭水东北部的郁山镇，距彭水县城约 37 km，盐温泉主要分布于中井河和后灶河两岸。距渝怀铁路郁山火车站约 7 km、距渝湘高速保家出口约 17 km，交通便捷。

（二）出露形态

郁山盐温泉又称郁山伏牛山盐泉，是郁山镇大量盐温泉的统称，温度大多在 20~33 ℃，日出水量在 100~1 000 m³，其含盐

郁山古盐泉（飞水泉）

量大多在 10~20 g/L。其中最为著名的就是飞水泉，其日出水量约 250 m³，受浅部冷水混入的影响，水温随季节有所波动，水温最高时为 25 ℃，井口标高 275 m 左右，高出中井河水面约 6 m，是郁山镇最早利用的盐温泉。

目前在郁山镇仍可见的盐温泉或盐井有 7 处，其中老郁井、新井、飞水泉、郁一井、郁二井等常年可见，新正井、鸡鸣井受河流水位变化的影响，季节性可见。

（三）开发利用历史

郁山盐温泉较多，自汉代以来就在此增设行政机构，并延续至今，其盐业生产历经数千年，经久不衰。汉代以前，郁山盐多用天然盐泉——飞水泉卤水煎制，未凿卤井。自较大规模生产食盐后，开始凿井寻卤，建成鸡鸣、老郁、伏鸠三口卤井。至民国末年，共有卤井 19 口，除汉代 4 口外，还有长寿、楠木、黄玉、斑鸠、新正、古源、逢源、皮袋、蚌壳、猴子、凤仪、歧井、贻兴等 15 口井。1949 年后，郁山镇先后建成和投产的有黄泥泉井、田坝井、新皮袋井、郁一井、郁二井。1984 年，郁山盐由于氟含量超标而停产。

（四）开发利用现状

郁山盐温泉的盐厂停产后荒废，仍在自流的盐温泉水直接流入河流，未被开发利用。郁山盐业遗址群被列为重庆市文物保护单位。

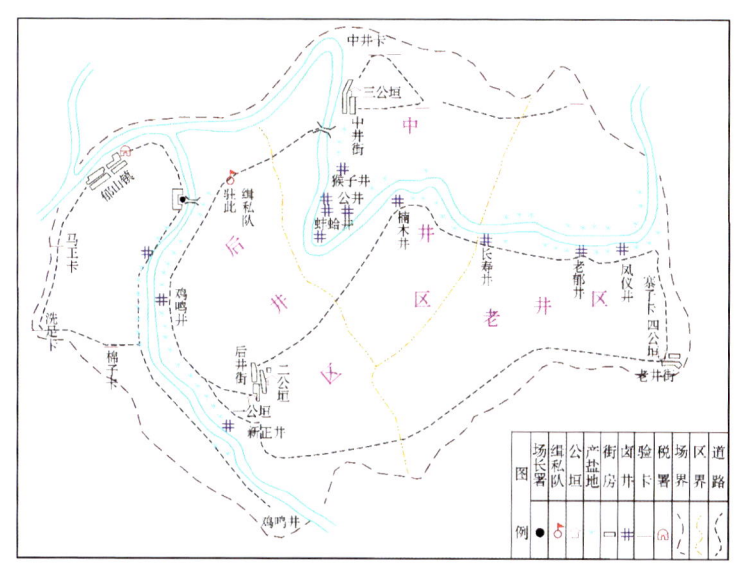

民国初年郁山场图

彭水郁山镇政府拟将郁山镇建设打造为"盐丹文化古镇",以盐丹文化为主线、自然景观为依托,以建筑、历史、民俗为表现形式,集中展示郁山各个历史时期的特色文化元素和民族民俗风情,建成独具特色的文化旅游小镇。其中盐浴中心的主体建筑已初具规模,并在中井坝成功钻探温泉井。

> **小知识**
>
> 郁山盐温泉主要赋存在寒武系中统平井组地层中，盐泉的出露受郁山断裂带和后灶河、中井河的控制。郁山背斜中的温泉水在充分溶解了岩层中的食盐矿物后在河流峡谷的深切和郁山断裂带的共同影响下，在河流两侧形成了悬挂盐温泉——飞水泉。

三、开州温泉镇盐温泉

（一）地理位置

开州温泉镇盐温泉位于开州北部的温泉镇，距开州城区约30 km，盐温泉分布于东河西岸。

（二）出露形态

开州温泉镇盐温泉有人工钻井、盐井及天然温泉3种形式。钻井位于温泉镇老粮站，井深42 m，水温37 ℃，日开采量约为90 m³左右，主要用于温泉洗浴，由于水温较低，洗浴中心仅在夏季开放。

温汤井盐井位于镇政府对面，日出水量约170 m³，水温

38 ℃。盐井所产的盐卤水一般无色透明或略显浅黄色，味咸、涩，具臭鸡蛋气味，有黄色及黑色沉淀。水化学类型为氯化钠型，曾被用于盐厂造盐，现已废弃，温泉仍自流。

天然温泉有3处，位于温泉镇东河岸边，分布于断层影响带附近，日出水量约40 m³，水温36 ℃，未被开发利用，涌出地面后直接流入河中。

（三）开发历史

温泉镇是川东地区主要产盐地之一，据《汉书·地理志》记载，早在西汉时，温泉盐卤已被开发利用，在唐宋时期进入盐业的繁荣期，明清时期尤为鼎盛，发展到小灶300多座，被誉为"川东四大盐场"之一，一直担负着食盐输出的重任，所产的盐大部分通过秦巴古道运往关中地区。1949年后，随着西北的湖盐和沿海的海盐被大规模开发，含盐量较低的峡江井盐逐渐淡出历史的舞台，到20世纪70年代左右，温泉镇的盐业开始荒废。

（四）开发利用现状

当地民众对温汤古盐井进行修缮后，用于沐浴泡澡，温汤井盐井遗址被列为开州区文物保护单位，未进行商业开发。

开州温泉镇盐温泉

小知识

温泉镇盐温泉主要赋存在三叠系下统嘉陵江组地层中，盐泉的出露受构造轴部的断裂和河流的控制。温泉水在充分溶解了岩层中的食盐矿物后，在东河峡谷的深切和温泉背斜轴部断裂带的共同影响下，在河流两侧沿断裂带形成了串珠状的温泉出露点。

第三节　人工勘探的温泉

随着经济的发展和人们对生活品质的需求提高，1999年南岸区海棠晓月温泉钻井的实施正式拉开了重庆深井温泉的序幕。在短短的10年时间里，重庆增加了近30处钻井温泉，形成了一批以温泉为主题的旅游休闲景区和高档住宅小区，这些温泉的勘探钻取和开发利用也为温泉之都的建设奠定了基础。

一、理疗养生类温泉

（一）融汇温泉

1. 地理位置

融汇温泉地处重庆沙坪坝梨树湾，北邻站西路，东邻渝长高速，南临渝遂高速，西临渝怀铁路和歌乐山，毗邻歌乐山国家森林公园。距三峡广场、沙坪公园及沙坪坝火车站均不到一公里。

融汇温泉钻探出水现场

2. 资源概况

融汇温泉为人工钻井温泉，2002年完成钻井，井深1 718 m，成井时日出水量最高超过6 000 m³，水温53 ℃，自涌高度超过200 m。目前日出水量在4 000 m³左右，水温53 ℃，水中富含氟、锶、偏硅酸、偏硼酸等有益的理疗矿物组分，属硫酸钙型泉水，对皮肤、神经系统及运动系统等方面的疾病具有较高的辅助疗效，具有较高的理疗、保健及美容价值。

3. 开发利用情况

重庆融汇温泉城于2010年投入运营，总营业面积超3万m²，是国内少有的集露天温泉、室内水疗、温泉水乐园为一体的城市休闲温泉项目。以温泉养生保健为主题的同时，融汇温泉城还集旅游、商务、休闲、餐饮、娱乐、运动等多功能于一体，致力打造成重庆最具规模、最具档次、最具特色及最具影响力的高品质温泉项目之一。2018年被评为国家AAAA级景区，成为城市温泉典范。

（二）天赐温泉

1. 地理位置

天赐温泉位于重庆九龙坡的含谷开发区内，在老成渝高速公路白市驿互通附近，成渝客运专线、城市快速一纵线等骨干交通网穿境而过，距市区不到十分钟车程，具备优越的区位环境。

2. 资源概况

天赐温泉是人工钻井温泉，分别于2001年、2013年各实施钻井1口，深度分别为2 160 m和2 068 m，总日出水量约1 800 m³，水温高达57 ℃，自涌高度可超100 m。温泉富含偏硅酸、偏硼酸及硫化物、钙、镁、锶、硒、氟等多种有益于人体健康的矿物成分和微量元素。对人的神经系统、消化系统、心血管系统和皮肤病具有独特的理疗效果。

3. 开发利用情况

重庆天赐温泉景区是一座以温泉为主题，以生态园林艺术为烘托，包含中华传统文化底蕴，集温泉洗浴、保健养生、餐饮、客房、会议、垂钓于一体的国家 AAA 级旅游区，是重庆市高品位园林式温泉休闲度假旅游区，被评为重庆市"园林式单位"。景区占地 33 万 m^2，绿化面积为 19 万 m^2，绿化覆盖率达 65%，被列为重庆市著名的三大温泉基地之一。

（三）贝迪颐园温泉

1. 地理位置

贝迪颐园温泉位于重庆九龙坡白市驿镇农科大道，背靠玄武山丘，紧邻重庆市农业展览中心，位于重庆主城一环、二环之间，距离市中心约 40 km。

2. 资源概况

贝迪颐园温泉为人工钻井温泉，2007 年完成钻井，井深超 2 000 m，日出水量超 6 000 m^3，水温 51~52 ℃，水化学类型为硫酸钙型，属含偏硅酸、偏硼酸的氟、锶理疗热矿水，温泉水中富含的微量矿物元素对多种疾病的治疗有辅助作用。

3. 开发利用情况

已开发建设成的重庆贝迪颐园温泉旅游度假区，占地 284 亩，是国家 AAAA 级温泉主题景区。温泉旅游度假区由温泉度假酒店（重庆市第一家五星级温泉度假养生主题酒店）、温泉中心、温泉别墅区、温泉汤屋区、网球中心、智能农业观光温室区、湖区等组成。度假区采用了中国传统园林设计风格，处处彰显东方文化的秀美和典雅。

（四）海兰云天温泉

1. 地理位置

海兰云天温泉位于九龙坡金凤镇海兰湖畔。该温泉依傍在海兰湖畔，背靠风景秀丽的九凤山和白塔坪森林公园及重庆主城肺叶——缙云山，植被丰富，空气清新，风景秀美。得天独厚的地理条件使其成为九龙坡"都市休闲谷"，堪称都市中心的"世外桃源"。

2. 资源概况

海兰云天温泉为人工钻井温泉，2003年完成钻井，井深2 053 m，日出水量约1 200 m^3，水温43 ℃，水中富含偏硅酸、氟、锶、硼酸等多种有益于人体健康的微量矿物元素，对人体皮肤、神经系统、消化系统、心血管系统等有一定的理疗和保健作用。

3. 开发利用情况

海兰云天风景区占地1 000亩，建筑规模12 100 m^2，由海琴酒店、海韵宾馆、海韵休闲运动中心及温泉城组成，拥有酒店、温泉、餐厅、茶楼、网球场、羽毛球场、篮球场、保龄球馆、壁球馆、桌球馆、乒乓球、健身房、游船等各类康体娱乐设施，是能同时接待1 000

人的重庆近郊配套较为完善的温泉休闲度假会议中心。2007年被评为国家AAAA级景区。

二、城市建设类温泉

（一）海棠晓月温泉

1. 地理位置

海棠晓月温泉建在昔日的古巴渝十二景之一"海棠烟雨"的旧址上，北临长江，背倚南山，步行至著名的"重庆外滩"南滨路仅需3分钟，环境优美，是重庆著名的温泉休闲度假胜地。海棠晓月温泉紧邻南坪商圈，距离解放碑约4 km，距重庆江北国际机场约25 km，交通便利。

2. 资源概况

海棠晓月温泉为钻井温泉，于2000年完成钻井。井深2 062 m，地热水井日出水量约3 400 m^3，地热水水温52 ℃。温泉无色无味，pH值在7.00~7.68之间，属硫酸钙镁型水，富含偏硅酸、偏硼酸、氟、锶等多种对人体有益的组分，对消化系统、神经系统、心血管系统和皮肤病等具有较好的理疗保健作用。

海棠晓月钻探出水现场

3. 开发利用情况

海棠晓月温泉是重庆市第一口深钻井温泉,也是重庆市中心城区内开发的温泉项目之一,主要开发模式为温泉养生,是包括温泉沐浴、温泉养生、温泉 SPA、休闲娱乐、亚健康康复理疗等于一体的精品养生温泉。

(二)中安翡翠湖温泉

1. 地理位置

中安翡翠湖温泉位于重庆北碚童家溪镇同心村赵家湾,毗邻嘉陵江，西倚连绵的中梁山山脉，交通便利。距解放碑商圈约 25 km，距重庆西站约 25 km，距重庆北站约 22 km，距离兰海高速公路三溪口出口仅约 3 km，距重庆江北国际机场只需大约 15 分钟的车程。

2. 资源概况

中安翡翠湖温泉为钻井温泉，2002 年完成钻探施工，钻井深度为 1 910 m。温泉水化学类型属于硫酸钙型，日出水量约 1 500 m^3，水温 55~56 ℃，pH 值在 7.03~7.43 之间，温泉水中富含偏硅酸、偏硼酸、硫化氢、氟、锶等有益微量组分。

3. 开发利用情况

中安翡翠湖温泉的开发采用了"温泉 + 地产"的模式，建设了重庆罕有的坐落于别墅区的高档会所群，包括一期已投入使用的玉岛会馆、在建的二期会所群，以及规划中的温泉度假酒店。一期玉岛会馆分休闲会所、运动会所以及商务会议室等几大功能设施；二期会所群为休闲、运动等区域。

（三）上邦高尔夫温泉

1. 地理位置

上邦高尔夫温泉位于重庆九龙坡走马镇，前揽 600 亩海兰湖，背依30 000亩缙云山原生态森林，交通便利，距市中心约30分钟车程。

2. 资源概况

上邦高尔夫温泉为钻井温泉，2010年完成钻井，井深1 839 m，日出水量大于2 500 m³，水温48 ℃，水化学类型属于中性硫酸钙镁型，水中富含偏硅酸、偏硼酸、硫化氢、氟、锶等有益微量组分。

3. 开发利用情况

上邦高尔夫温泉以温泉为依托，形成了集时尚运动、度假休闲、温泉疗养为一体的上邦高尔夫温泉度假区。度假区包括了18洞国际锦标赛高尔夫球场、五星级上邦戴斯酒店、50 000 m欧洲小镇风情商业街、地中海风情别墅等高端休闲度假配套设施。湖光山色，荟萃于此，美景无穷。

小知识

　　重庆温泉资源丰富，但并不是所有地方都能钻获温泉，其分布严格受地质构造的控制。不同地方钻井的深度并不相同，如果深度过大还可能遇到天然气等，因此这是一项非常专业的技术工作，其勘探和钻取需要专业公司进行设计和施工。一般情况下温泉勘探需要开展地质调查、物探测试、方案设计、钻探施工以及资源评价等工作，同时需要自然资源主管部门的审批并受其监管。

第五章

重庆温泉的"脉络"

第一节 神秘的地质构造

重庆温泉的形成与重庆所处的特殊地貌形态、地质构造以及地层岩性特征等密切相关，同时，上述因素也形成了一系列的地质景观和自然风光。

一、罕见的平行岭谷褶皱带

众所周知，重庆又称"山城"就来源于重庆及周边地区众多的山脉，比较著名的有巴岳山（西山）、云雾山、缙云山、歌乐山（中梁山）、铜锣山、明月山等。从卫星图上看，上述山脉基本是以四川盆地东部的华蓥山为轴心，形成的一系列的帚状山脉（类似于扫帚形状）。由于嘉陵江横穿上述山脉，在重庆西北方向形成了嘉陵江"小三峡"，即沥鼻峡（横穿云雾山）、温塘峡（横穿缙云山）、观音峡（横穿中梁山），同时长江横穿山脉形成铜锣峡（横穿铜锣山）、明月峡（横穿明月山）等。

从地质构造上来看，重庆所处的位置是世界罕见的平行岭谷褶皱带，即山地（背斜）、谷地（向斜）相间出现，基本呈平行形态。

重庆地学科普丛书——重庆温泉

重庆及周边主要地质构造分布图

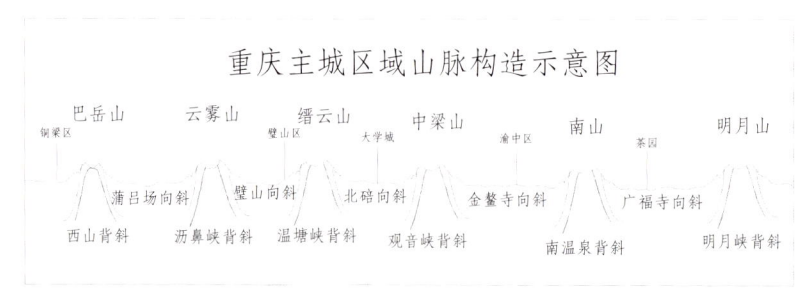

重庆主城区域山脉构造示意图

重庆主城地区平行岭谷褶皱带构造示意图

从西向东分别为西山背斜、蒲吕场向斜、沥鼻峡背斜、璧山向斜、温塘峡背斜、北碚向斜、观音峡背斜、金鳌寺向斜、南温泉背斜、广福寺向斜、明月峡背斜等。

在国外,这种标准的褶皱地形以欧洲侏罗山区为典型,但是侏罗山断裂较多,背斜并不标准和完整,断块山形较多。因此,重庆所处的平行岭谷是世界上较为典型和标准的褶皱山地。

二、广泛分布的喀斯特地貌

根据现有的研究显示,重庆温泉均蕴藏在石灰岩中,也就是我们常说的碳酸盐岩。在重庆8万多平方千米的行政管辖面积中,碳酸盐岩分布面积超过3万平方千米,占比接近40%,分布十分广泛,这也是重庆境内温泉众多的原因。

在重庆境内有诸多以岩溶洞穴为代表的风景区,例如渝北张关水溶洞、南山老龙洞、武隆芙蓉洞等,其基本是在喀斯特地貌中形成的大型洞穴。如张关水溶洞位于明月山上,沿明月山延伸方向,呈带状分布了一系列的洼地、落水洞等,地表水通过这些洼地、落水洞下渗形成地下水,地下水通过溶蚀碳酸盐岩形成规模较大的洞穴、地下河,一直向南延伸至御临河边,形成了排花洞,即在地形坡度较大的地区(深沟或者峡谷地带)会形成与地表基本平行的洞穴。

重庆的天然温泉出露区也分布有大量的岩溶洞穴,例如:南温泉有仙女洞，东温泉有古佛洞、热洞，统景温泉有感应洞。这些都是规模较大的洞穴，部分温泉附近甚至有可以行船游览的地下河。

第二节　山与水的完美结合

一、温泉的"栖身地"

重庆温泉与山脉密切相关，只有山脉才具有蕴藏温泉的空间和条件，但并非所有的山脉都有温泉。

根据现有的研究资料，蕴藏有温泉的山脉基本具备以下特点。

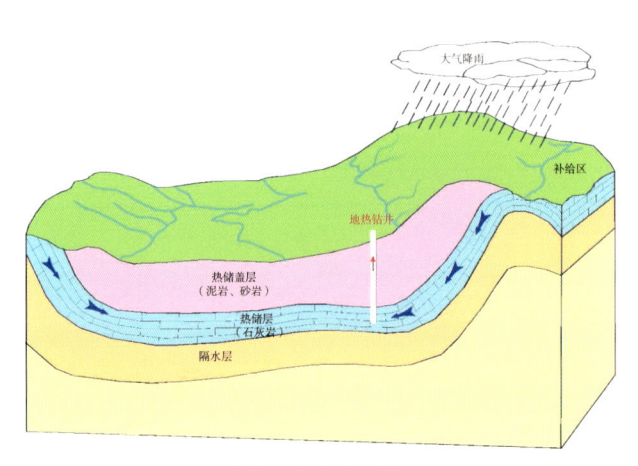

重庆温泉的地质模型

(一)规模宏大

温泉是储存在岩石的缝隙中的,这种缝隙包括裂缝、溶洞、地下河等,而这些储存空间只有在规模足够大的山脉中才可能形成。

(二)山体的岩石组合要完整

做个比喻,温泉的形成既要有富水和储存水的瓶子,还要有密封水的瓶盖。对重庆地区来说,岩石组合中紫红色的泥岩、砂岩以及青灰色的砂岩就是瓶盖,灰白色的碳酸盐岩就是瓶子,这二者缺一不可。

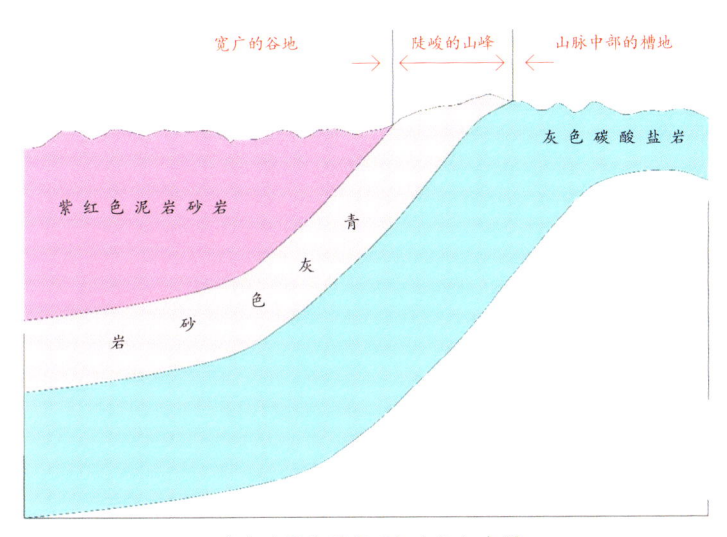

重庆地区典型岩石与地貌组合图

根据大量的地质工作和钻探资料，重庆主城地区山脉的典型岩石层序组合为紫红色泥岩、砂岩（宽广的谷地）——青灰色砂岩（陡峻的山峰）——灰白色碳酸盐岩（山脉中部的槽地）。其中碳酸盐岩岩层的延伸基本是倾斜向下的，深度逐渐增加，这为水的下渗和加强对岩石的溶蚀提供了良好的条件。

上述控制因素使重庆地区温泉的分布严格受到山脉的控制，但又不是所有山脉都有温泉。重庆周边山脉的规模大小不一，规模大的如中梁山、缙云山等绵延长度超过 100 km，山体的平均宽度在 5 km 左右，同时整个山体的岩石组合是比较丰富且完整的，既有不富水的泥岩、相对富水的砂岩，还有十分富水的碳酸盐岩，这些条件组合在一起就具备了形成温泉所需的地质条件。而像南岸至巴南的樵坪山延伸长度约 5~10 km，山体平均宽度约 2~3 km，整体规模较小，同时整个山体的岩石组合比较单一，基本是紫红色的泥岩，不属于富水的岩石，因此这类山脉是不具备形成温泉的条件的。

二、温泉水的来源和出露

温泉在属性上讲属于深层地下水，是地下水的一种，其来源主要是浅层地下水的补给，而浅层地下水是大气降水通过岩层、岩石的裂隙、缝隙等下渗而形成。重庆温泉的赋存地层为碳酸盐岩，其地表有较多的洞穴、裂隙，很容易在地表以下形成顺山脉延伸的暗河等。浅层地下水的补给量较大，其中一部分下渗形成深层地下水，这就是温泉水的来源。

在研究温泉水的时候，大多会采用同位素检测的方法来获取相应的信息，例如采用氢氧同位素检测的方法确定其补给来源，采用放射性氚（^3H）和 ^{14}C 来检测温泉水的年龄。测定温泉水年龄主要用于判断其水流的方向，一般来说，年龄越小越处于水流的上游，年龄越大越处于水流的下游。例如根据中梁山（观音峡背斜）钻井温泉的采样检测，发现其基本规律是从北向南，温泉水的年龄逐渐增大，因此，推测中梁山的温泉水资源主要是顺山脉由北向南流动，其补给的源头主要在北部的华蓥山山区。

小知识

同位素是同一元素不同原子间的互称，其原子具有相同数目的质子，但中子数目却不同。例如：氢有三种同位素，^1H（氕）、^2H（氘，D）、^3H（氚，T）；碳有多种同位素，^{12}C、^{13}C 和 ^{14}C 等。根据同位素的稳定性可以将其分为稳定同位素和放射性同位素。虽然是同一种元素，但其同位素可能有些是放射性同位素，有些是稳定同位素，例如 ^{12}C、^{13}C 属于稳定同位素，^{14}C 则是放射性同位素；^1H（氕）、^2H（氘，D）属于稳定同位素，^3H（氚，T）则是放射性同位素。

水对温泉的形成具有决定性的作用，同时它还控制着天然温泉的出露。

人们对温泉的了解基本是从天然温泉开始的。重庆地区的天然温泉基本是在河流穿过山脉形成的峡谷深处，例如嘉陵江温塘峡的北温泉、长江铜锣峡的铜锣峡温泉、长江明月峡的明月峡温泉等等，这些大江大河在穿过山脉形成壮丽峡谷的同时，也为温泉的出露提供了良好的条件。

三、温泉的加热方式

重庆的温泉是由地热增温形成的，而地热增温的原理又要从地球的内部结构说起。

地球的内部结构为同心状的圈层构造，地心至地表依次为地核、地幔、地壳。如果将地球的内部结构做个形象的比喻，它就像一个鸡蛋，地核相当于蛋黄，地幔相当于蛋白，地壳相当于蛋壳。其中，地核的顶面距地表约 2 900 km，中心的压力可达 350 万个大气压（1 个标准大气压大约为 101.325 kPa），温度在 6 000 ℃左右；地幔的顶面距地表约 33 km，整个地幔的温度大致在 1 000~3 000 ℃，压力约 50 万~150 万个大气压。从地球内部结构的温度来看，其基本是地核——地幔——地壳逐渐降低，整体热量是从地核逐步向外发散的。在地壳中，受地球外部结构的影响，热量散失较快，同时会加热地表岩石圈层下渗的地下水。

根据研究显示，地壳的平均厚度约 17 km，大陆部分平均厚度约 33 km，海洋部分平均厚度约 6 km，但地壳的温度一般随深度的增加而逐步升高，深度平均每增加 1 000 m，温度升高 30 ℃，地温梯度平均在 3.0 ℃/100 m。

重庆地区的地壳厚度在 40~51 km，整体呈现北厚南薄的特点，主城地区的地壳厚度大多在 42 km 左右。根据重庆地区大量钻井温泉的温度统计和井温测试结果，重庆大部分地区的地温梯度在 1.5~3.5 ℃/100 m，平均地温梯度为 2.5 ℃/100 m。

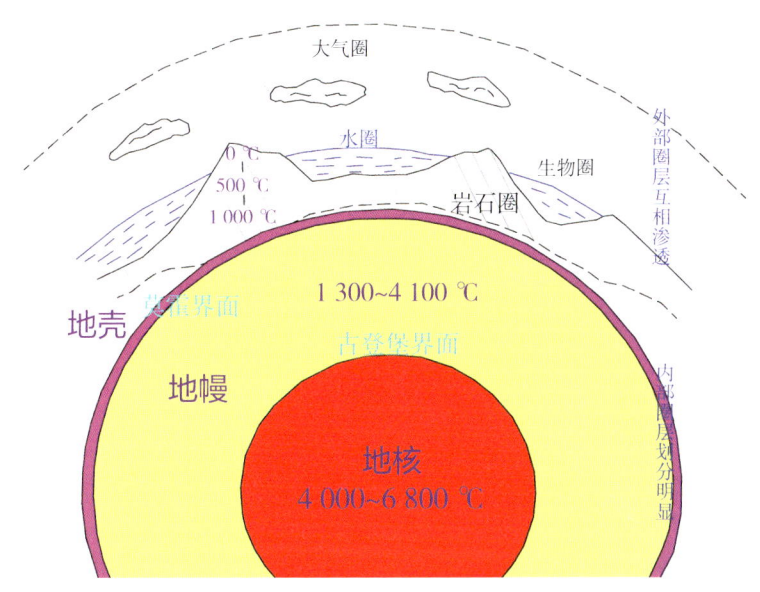

地球内部结构图及外部圈层分布示意图

由于重庆地区的地壳平均厚度大于大陆部分的地壳平均厚度，重庆地区的地温梯度平均值略低于大陆部分的地温梯度平均值。

第三节　温泉中矿物成分的来源

一般来说温泉水中的矿物质是通过溶解或者溶蚀岩石中的矿物而来。整体来说，温泉水中的矿物质可分为基本化学离子组分和理疗组分两大类。

一、基本化学离子组分

重庆温泉主要赋存在碳酸盐岩中，而碳酸盐岩属于易溶岩类，极易被地下水溶蚀。而当水中含有 CO_2 时，会具有较强的溶蚀作用。

根据此类岩石化学组分的检测分析，其主要化学组分为 CaO、MgO，含量可达 60% 左右，其他含量稍高的化学组分有 SiO_2、Fe_2O_3、Al_2O_3 等，因此重庆温泉水中的阳离子一般 Ca^{2+} 的质量浓度较高，Mg^{2+} 次之；而阴离子中 SO_4^{2-} 的质量浓度最高（在渝东南的武隆至彭水一带、渝东北的岩盐丰富地区，化学组分以 $NaCl$ 为主的除外）。其中，除了少量的 Ca^{2+} 来源于大气降水外，大多 Ca^{2+} 来源于地下水溶蚀碳酸盐岩中的石膏、方解石、白云石等。而

岩盐矿物

（此为重庆市垫江县岩盐矿勘查所取岩芯照片，图中颜色较深的岩芯为岩盐矿物，最上排左侧半截岩芯中岩盐杂质含量较少，呈颗粒状）

天然水中的 SO_4^{2-} 主要来源于石膏、自然硫和含硫矿物的生物氧化等，天然状态下，其离子的质量浓度一般不超过 480 mg/L；在通过降水渗入形成地下水之后，SO_4^{2-} 离子的来源主要是在高温高压环境下溶蚀碳酸盐岩中的石膏，其质量浓度可达 1 000~2 000 mg/L。

二、理疗组分

重庆温泉中的理疗组分主要为氟、锶、偏硅酸、偏硼酸等。

（一）氟

重庆地区普通的地表水和地下水中，除少量含氟量超标的地区，

萤石矿矿物

(此为彭水县长生镇萤石矿老洞中的矿物照片，圈中蓝紫色为萤石矿物，其他白色的为重晶石矿物)

氟离子的质量浓度大多不超过 1 mg/L，而重庆温泉水中氟离子的质量浓度大多大于 2 mg/L，明显高于普通地下水。温泉水中的氟离子主要是在酸性环境下溶解或溶蚀碳酸盐岩的自生的非碳酸盐矿物萤石（化学式为 CaF_2，其中 Ca 约占 51.1%，F 约占 48.9%）而形成的。

（二）锶

重庆地区普通的地表水和地下水中，锶离子的质量浓度大多不超过 0.2 mg/L，少量达到饮用天然矿泉水标准的可达 0.2 mg/L 以上。而重庆温泉中锶离子的质量浓度大多大于 10 mg/L，可达到理疗热矿水水质标准，其锶离子的质量浓度明显高于普通地下水，主要是地下水溶解或溶蚀碳酸盐岩的自生的非碳酸盐矿物天青石（化学式为 $SrSO_4$，是自然界中最主要的含锶矿物）而形成的。重庆是亚洲锶矿资源最为丰富的地区之一，重庆铜梁、大足境内的巴岳山山脉蕴藏有丰富的锶矿资源，有国内储量规模最大的锶矿床。

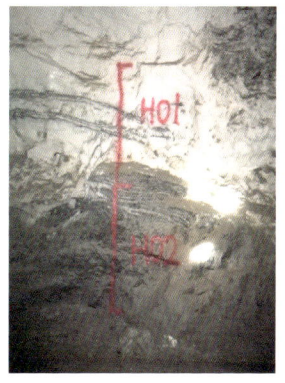

天青石矿物

（照片拍摄于重庆市大足区锶矿矿洞内，图中白色纯度较高，黑色的含较多的碳酸钙杂质）

（三）偏硅酸

重庆地区普通的地表水和地下水中，偏硅酸的质量浓度大多小于 0.2 mg/L，少量达到饮用天然矿泉水标准的可达 25 mg/L 以上。而重庆温泉中偏硅酸的质量浓度大多大于 25 mg/L，部分可超过 50 mg/L，达到理疗热矿水水质标准，明显高于普通地下水。由于 SiO_2 与水不发生化学反应，偏硅酸主要是通过硅酸盐与强酸反应得来，但此种方式在温泉的形成过程中不易出现，因此温泉中的偏硅酸主要是地下水溶解或溶蚀碳酸盐岩的陆源矿物中的黏土矿物质（黏土矿物主要是一些以铝、镁等为主的含水硅酸盐矿物）而形成的。

第四节　一方水土一方泉

重庆市在发展规划上一般分为主城地区、渝东北三峡库区以及渝东南武陵山区三大区域。虽然重庆温泉的形成过程大多是相似的，但也存在一些地域上的差异，在水质、出露地层、埋藏深度、分布特点等方面有着明显的不同。

一、水化学类型差异

水质的差异主要体现在水化学类型上。重庆温泉水质的统计分析结果显示，明月山和涪陵聚云山以西的重庆主城地区主要为硫酸盐型；彭水郁山断裂以北的渝东南地区和渝东北全境主要为氯化盐型；彭水郁山断裂以南的渝东南地区则是混合型，主要为硫酸盐型和重碳酸盐型的混合。

二、温泉出露地层差异

整体来说，重庆温泉是赋存在碳酸盐岩中的。重庆地区碳酸盐岩的时代延续较长，可以从寒武系一直到三叠系，因此出露温泉的地层也较多。一般来说，主城以及渝东北地区温泉出露的地层基本以三叠系的碳酸盐岩为主，仅南川、万盛以及城口、巫溪等地有少量的碳酸盐岩属于寒武系。而渝东南地区的温泉基本是出露在寒武系的碳酸盐岩地层中。

三、埋藏深度差异

现有的研究和勘查资料表明，主城地区及附近的温泉埋藏深度一般小于 2 500 m（以三叠系下统嘉陵江组的底界埋藏深度来计算），而在渝东南、渝东北地区温泉埋藏深度可延伸至 4 000 m 左右，甚至更深。

在重庆主城地区，钻井温泉的深度一般控制在 2 000 m 左右，根据以往勘探经验，深度超过 2 500 m，则存在较高的勘探风险。

目前仅有江津珞璜镇钻井温泉（地热井）深度达到 2 530 m，还能取得出水量 1 500 m³/d，水温 62 ℃的温泉资源，而且真正的出水段的深度也仅位于 2 200~2 300 m，并未到达井底。

而在渝东北的巫溪进行油气勘探形成的猫一井，其深度达到 4 955 m，水温可达 70 ℃，出水量约 3 590 m³/d，在井深 2 225.75~4 928.70 m 范围内一直有含水段出现，表明其埋藏深度较大。

四、分布特点差异

重庆主城地区的温泉呈现"山高藏热水，峡深露温泉"的分布特点。主城周边的高大山脉都蕴藏有丰富的温泉资源，在河流切穿背斜山脉形成的峡谷中基本都有温泉出露，例如：嘉陵江横穿云雾山（沥鼻峡背斜）形成的沥鼻峡有盐井天然温泉、横穿缙云山（温塘峡背斜）形成的温塘峡有北温泉；长江横穿中梁山（观音峡背斜）形成的猫儿峡有猫儿峡温泉、横穿铜锣山（铜锣峡背斜）形成的铜锣峡有铜锣峡温泉、横穿明月山（明月峡背斜）形成的明月峡有明月峡温泉；等等。南温泉、统景温泉、东温泉等的形成也都与河流切穿背斜构造（山脉）后形成的峡谷息息相关。

渝东南地区温泉的分布特点是"逢断必有泉"。渝东南地区有 13 处天然温泉出露区，其中有 10 处与断层的分布有直接的关系，其中 9 处的断层为张性的正断层，另 1 处为逆断层。

渝东北地区温泉的分布特点则是两类均有体现。渝东北地区在地形地貌上其实是由三大部分组成的，第一部分是与主城地区类似的平行岭谷；第二部分是大巴山山脉及其影响区域，也就是巫溪、城口以及开州的北部；第三部分是武陵山延伸带，主要是云阳、奉节的长江以南以及巫山。根据现有的地质研究和认识，认为渝东北地区内的大巴山山脉及其影响区域的温泉资源主要受断层影响和控制，而其他地区与主城地区基本类似。

参考文献

何安弟等：《重庆地热水资源勘查与评价技术研究》，重庆大学出版社，2020。

管维良：《郁山盐泉与巴国兴衰》，《重庆师范大学学报（哲学社会科学版）》，2010年第2期，第85-88页。

周妮：《浅论重庆市彭水县郁山盐泉与"盐丹文化"》，《三峡论坛（三峡文学·理论版）》，2013年第4期，第11-17页。

牛英彬，白九江：《重庆彭水县郁山镇盐业考古发现与研究》，《南方民族考古》，2014年第10辑，第125-152页。

杨建，邱燕燕，王心义：《地热水医疗保健作用评价》，《焦作工学院学报（自然科学版）》，2004年第23卷第6期，第447-450页。

〔日〕大冢吉则：《温泉疗法 通往康复之路》，箱根温泉机构译，华夏出版社，2012。

巫溪县志编纂委员会：《巫溪县志》，四川辞书出版社，1993。

彭水县志编纂委员会：《彭水县志》，四川人民出版社，1998。

重庆市巴南区地方志编纂委员会：《巴县志（1986—1994）》，重庆出版社，2002。